STATIONS AGRONOMIQUES

ET

LABORATOIRES AGRICOLES

BUT, ORGANISATION, INSTALLATION, PERSONNEL, BUDGET

TRAVAUX DE CES ÉTABLISSEMENTS

PAR

L. GRANDEAU

DIRECTEUR DE LA STATION AGRONOMIQUE DE L'EST, PROFESSEUR DE CHIMIE
ET DE PHYSIOLOGIE APPLIQUÉES A L'AGRICULTURE PRÈS LA FACULTÉ DES SCIENCES DE NANCY
SECRÉTAIRE DE LA SOCIÉTÉ DES AGRICULTEURS DE FRANCE
MEMBRE DE LA SOCIÉTÉ CLIMATOLOGIQUE, ETC., ETC.

12 FIGURES INTERCALÉES DANS LE TEXTE

PARIS

LIBRAIRIE AGRICOLE DE LA MAISON RUSTIQUE

26, RUE JACOB, 26

STATIONS AGRONOMIQUES

ET

LABORATOIRES AGRICOLES

BEAUGENCY. — IMP. DE F. RENOU.

STATIONS AGRONOMIQUES

ET

LABORATOIRES AGRICOLES

BUT, ORGANISATION, INSTALLATION, PERSONNEL, BUDGET

ET TRAVAUX DE CES ÉTABLISSEMENTS

PAR

L. GRANDEAU

Directeur de la station agronomique de l'Est,

Professeur de chimie et de physiologie appliquées à l'agriculture, près la Faculté des sciences de Nancy,

Secrétaire de la société des agriculteurs de France, Membre de la société philomatique,

Membre du Jury international de l'Exposition universelle de 1867,

Chevalier de la Légion d'honneur et de l'Ordre de François-Joseph ; officier d'Académie, etc.

Avec 12 figures intercalées dans le texte

PARIS

LIBRAIRIE AGRICOLE DE LA MAISON RUSTIQUE

26, RUE JACOB, 26

AVANT-PROPOS

Au mois d'août 1867, je reçus de M. le ministre de l'agriculture, du commerce et des travaux publics, la mission d'aller en Allemagne étudier sur place l'organisation des Stations agronomiques dont j'avais à plusieurs reprises signalé les services à l'attention des agriculteurs français.

A mon retour d'Allemagne, dans le rapport sommaire que je lui adressai sur les résultats de mon enquête, j'appelai l'attention de M. le ministre sur les avantages que devait, selon moi, recueillir l'agriculture française de l'importation des Stations dans notre pays.

J'annonçai en même temps au ministre l'intention où j'étais de donner l'exemple et de créer à Nancy la première Station agronomique française.

Le concours du ministère de l'agriculture me fut immédiatement acquis et, sur la proposition du regretté M. de Monny de Mornay, je reçus une subvention qui m'aida à apporter aux laboratoires récemment construits dans ma propriété les améliorations nécessitées par leur destination.

La station de l'Est a été fondée dans les premiers mois de 1868.

M. le ministre de l'instruction publique, en instituant, de concert avec M. le ministre du commerce, une chaire spéciale près la faculté des sciences de Nancy, et en m'appelant à y enseigner la chimie et la physiologie appliquées à l'agriculture, a donné ainsi un complément des plus utiles à mon œuvre naissante.

Une seconde visite aux Stations m'ayant paru nécessaire pour compléter mon enquête, je retournai en Allemagne au mois d'août 1868.

J'ai rapporté de ces deux voyages la conviction que je rendrais un service réel en important chez nous les stations, et tous mes efforts ont été tournés de ce côté depuis près de deux ans.

L'accueil que j'ai reçu des membres de la société des agriculteurs de France lorsque j'ai eu l'honneur de présenter, à la dernière session, au nom de la 10ᵉ section, un rapport sur les Stations agronomiques, m'a encouragé à publier ce petit livre destiné d'autre part à répondre aux nombreuses questions qui m'ont été adressées des divers points de la France sur le but, l'organisation et la fondation de ces établissements.

Cette étude servira en quelque sorte de préface au rapport détaillé que j'adresserai bientôt à M. le ministre de l'agriculture et que la difficulté de réunir les plans des installations et le temps nécessaires pour analyser les documents d'Allemagne m'ont obligé d'ajourner jusqu'ici.

Tout incomplète qu'elle pourra paraître, cette notice renferme cependant, je le crois, tout ce qu'il importe de connaître aux agriculteurs désireux de doter leur région d'une station agronomique et d'un laboratoire agricole.

Au moment où, de toutes parts, l'on se préoccupe, à juste titre, de l'organisation du haut enseignement de l'agriculture en France, où la majorité du Corps législatif se fait l'organe autorisé des vœux du pays en demandant la création d'un institut agronomique, l'amélioration de l'enseignement agricole à tous les degrés, et l'institution de Stations, j'espère n'être pas inutile à la cause en publiant ces quelques pages et en proposant à l'examen des hommes compétents le résumé de mes observations et le plan d'une organisation complète des stations que m'a suggéré l'étude attentive de ce qui se passe chez nos voisins d'outre-Rhin.

L'appel que j'adresse à l'initiative privée, aux départements et à l'État, sera entendu, je l'espère. J'aurai, en tout cas, affirmé doublement ma confiance dans l'utilité de l'œuvre qui m'occupe, d'une part, en fondant la première Station, et de l'autre, en cherchant à faire de mon mieux ressortir aux yeux de nos compatriotes l'influence heureuse d'une des institutions qui ont le plus contribué depuis vingt ans aux progrès de l'agriculture.

L. GRANDEAU.

Station agronomique de l'est, Nancy le 15 avril 1869.

PREMIÈRE PARTIE

STATIONS AGRONOMIQUES

CHAPITRE PREMIER

CARACTÈRE SCIENTIFIQUE DE CETTE INSTITUTION, SON ORIGINE, SON BUT GÉNÉRAL.

L'agriculture, comme la médecine, comme les industries chimiques, s'est d'abord développée d'une manière purement empirique ; de même que ces dernières elle est parvenue à l'aide de l'observation pure et d'essais auxquels on ne saurait donner le nom d'*expériences*, dans l'acception scientifique de ce mot, à un certain degré de perfection. Ce degré une fois atteint et l'observation pure ayant donné tout ce qu'on en peut attendre, la coopération de la science est devenue indispensable à la réalisation de tout progrès agricole. Ce sont là des vérités qui, peut-être, sembleront banales aux personnes qui ont fait des études agronomiques l'objet de leurs méditations ; malheureusement elles sont encore trop peu répandues parmi les

hommes que leurs goûts, leurs aptitudes et plus souvent
la force des choses, ont voué à la noble profession d'agriculteur.

Le savant illustre qui a été le promoteur du mouvement
agricole dont s'enorgueillit à juste titre l'Allemagne,
M. Liebig, écrivait, à ce sujet, en 1857 (1) quelques pages
où se trouvent développées mieux que je ne saurais le faire
la fausseté des idées qui avaient cours alors sur les rapports de la science et de la pratique, et les motifs qui ont
amené la création des stations agronomiques.

Après avoir rappelé que l'agriculture en est arrivée à ce
point où elle ne peut plus désormais progresser sans le
secours de la science, Liebig ajoute :

Comme il arrive toujours aux époques de transition,
il s'est élevé, depuis une dixaine d'années, un conflit entre
la pratique et la science, conflit entretenu par une sorte
de fermentation de malentendus.

Les principes scientifiques, prétendaient les praticiens,
ne sont pas justes, ou, lorsqu'ils le sont, ils ne peuvent être
appliqués ; et comme preuve irrécusable de ce qu'ils avan-
çaient, ils invoquaient leur impuissance même à appliquer
ces principes. La pratique soutenait que les données de la
science ne la mettent pas à même d'améliorer ses terres
et d'en élever les rendements ; elle disait que les essais
empiriques lui faisaient seuls défaut, et cependant les mil-
liers d'essais tentés par elle démontraient nettement que,
de la seule observation des faits, il n'y avait plus aucun
progrès à attendre.

Tous les efforts des praticiens tendaient ainsi à prou-

____

(1) Uber agrikultur chemische Versuchs-Stationen. München.
In-8°, XII pages, 1857.

ver plus clairement qu'on ne l'avait fait jusqu'alors, que la limite de la perfectibilité empirique de l'agriculture était atteinte et ne pouvait être poussée au delà par l'art de l'expérimentation.

On s'était fait une fausse idée de la science et de son influence sur la pratique ; on l'avait considérée comme la maîtresse de cette dernière, ce qui est contraire à son essence même, puisque la pratique existait avant la science, dont elle est la mère.

La science approuve ou infirme les conclusions du praticien. Par elle, l'agriculteur parvient à la connaissance exacte des conditions et de la marche de la vie du végétal ; par elle, il est renseigné sur les fautes qu'il a commises ; enfin elle lui prouve fréquemment qu'il a prodigué la force et le capital, d'autres fois qu'il est demeuré en dessous des efforts nécessaires pour atteindre le but qu'il poursuivait.

Aux points de repère incertains et parfois peu visibles que la pratique donnait à l'agriculteur, la science substitue l'indication exacte de la voie la plus sûre et la plus courte pour parvenir au but : elle lui fournit les moyens d'écarter les obstacles et de vaincre les difficultés qui l'arrêtent dans sa route.

Sans nul doute, la connaissance la plus complète de la mécanique théorique ne rend pas le mathématicien qui la possède apte à construire la machine la meilleure pour un but déterminé ; cette science est cependant d'une incontestable utilité pour le mécanicien auquel elle épargne des essais inutiles, qu'elle empêche de commettre des fautes dans ses constructions, et qu'elle instruit à l'avance sur l'agencement des pièces le plus favorable à l'usage qu'on doit faire de sa machine.

Il en est de même des principes scientifiques de l'agriculture ; celui qui les possède n'est pas, par ce seul fait, devenu agriculteur ; car, pour tirer partie de ces principes, il faut y joindre la pratique agricole. Ils sont très-peu nombreux les cultivateurs qui savent appliquer convenablement, à un cas donné, les principes scientifiques.

Le vague sentiment de l'utilité d'établissements où s'enseignerait l'application des données de la science, à chacun des cas particuliers de la pratique, établissements qui entreprendraient ainsi de concilier les principes scientifiques et la pratique, ce vague sentiment, dis-je, a donné naissance aux stations chimiques agricoles. Ces stations, dont la raison d'être repose précisément sur l'incertitude qui règne encore au sujet de l'application des données théoriques à la pratique agricole, existeront aussi longtemps que les causes auxquelles elles doivent leur création.

Si, dans leur domaine, les cultivateurs ont fait assez de progrès pour avoir conscience de ce qui leur manque ; s'ils commencent à se poser des questions auxquelles l'expérimentation seule peut donner une réponse satisfaisante, il est de toute évidence qu'ils ont intérêt à remettre l'étude de ces problèmes aux mains des hommes adonnés à cet ordre de travaux. Ils doivent en confier l'examen à ceux que leur science met à même de déterminer exactement les conditions dans lesquelles les expériences doivent être faites pour réussir, aux hommes capables de tirer des conclusions rationnelles des essais entrepris par eux.

Le succès des stations agronomiques dépendra donc entièrement des agriculteurs praticiens ; c'est à eux qu'il appartiendra de leur donner ou non une grande utilité.

La tâche de cette institution n'est point, en effet, la découverte de principes scientifiques, mais bien l'application de ces derniers à des cas spéciaux de la pratique agricole. Les établissements dont il s'agit doivent être des stations scientifiques, auxiliaires de la pratique.

Si l'on jette un coup d'œil rétrospectif sur les nombreux problèmes, soulevés depuis seize ans en agriculture (1), problèmes de la solution desquels dépendait dans la pensée de ceux qui les avaient posés, le progrès agricole, on reconnaît sur le champ, que c'est précisément la difficulté de poser les problèmes à résoudre, qui apportera la plus grande entrave à l'efficacité des *Stations* (2).

Jusqu'ici, en effet, on a grandement erré à ce sujet; les questions dont on demandait la solution étaient telles que, de deux choses l'une : ou la solution était impossible dans l'état actuel de la science; ou, si elle était possible, elle n'avait pas la moindre valeur pratique pour l'agriculture.

La première et de beaucoup la plus importante de toutes ces questions a été jusqu'ici négligée; à savoir : l'examen expérimental des idées généralement reçues en agriculture, idées qui sont acceptées comme des vérités, par cela seul qu'elles sont populaires et sans qu'on ait aucune preuve précise de leur valeur. — Les établir scientifiquement n'est faire autre chose que les démontrer. Par exemple,

---

(1) C'est-à-dire depuis l'époque mémorable où parut le premier ouvrage du baron Liebig, sur la chimie agricole.

L. Gr.

(2) On verra plus loin que la crainte exprimée par Liebig était au moins exagérée, car les stations ont déjà étudié et résolu bon nombre de questions très-importantes, et le seul choix à faire, parmi les problèmes à résoudre, peut embarrasser les savants qui dirigent ces établissements.

L. Gr.

on ne sait à peu près rien sur l'action propre de l'ammoniaque et des nitrates sur les sols de composition connue, mais différente pour chacun d'eux : cependant, pour beaucoup d'agriculteurs, il est hors de conteste que le guano et le fumier agissent, grâce à leurs principes azotés, et que leur action est proportionnelle à leur richesse en azote.

Ce n'est pas méconnaître les enseignements résultant de la pratique, que de s'efforcer d'en démontrer rigoureusement la justesse et l'exactitude.

Le guano, le fumier n'en resteront pas moins des engrais actifs, quelle que soit l'opinion qu'on arrive à se former sur les causes de leur activité ; mais lorsque le cultivateur aura appris à connaître les propriétés auxquelles doit être attribuée leur action, il saura, à l'avenir, distinguer les sols dans lesquels il peut avec avantage employer ces engrais.

Des expériences de cette nature, poursuivies pendant une série d'années, doivent entrer de préférence dans le programme des recherches des stations.

Si l'on ne fait pas dès à présent ces essais, il faudra toujours les faire plus tard, et chaque année de sursis est un retard d'autant pour le progrès.

Les faits les plus généralement acceptés par l'agriculture, devraient de même être soumis à l'expérimentation directe ; ils prendraient alors le caractère de règles certaines.

Si l'on détermine exactement les conditions d'une expérience, si l'on connaît les espèces végétales pour lesquelles l'expérience conduit à des résultats toujours identiques à eux-mêmes, on transforme alors l'observation en loi. En étudiant les anomalies qui peuvent se présenter, en tenant compte de la constitution variable des sols et des engrais, on arrivera à formuler des lois particulières à chaque région agricole, lois qui viendront à leur tour converger par leur groupement vers une loi plus générale. »

Les fragments, qu'on vient de lire, d'un écrit publié il y a douze ans déjà, ne représentent plus, je crois, l'état exact de l'opinion des praticiens sur les services que la science est appelée à leur rendre. J'ai pensé, malgré cela, devoir les reproduire parce qu'ils expriment très-clairement l'ordre d'idées qui a conduit les associations agricoles allemandes à propager de tout leur pouvoir les *stations agronomiques*.

Sans vouloir anticiper sur les détails relatifs à l'organisation et aux travaux des Stations qu'on trouvera plus loin, j'insisterai cependant encore sur l'esprit de cette institution et sur le but général qu'elle se propose.

Comme on vient de le voir, les stations agronomiques sont des établissements *scientifiques* ayant pour but : 1° D'étudier expérimentalement avec toutes les ressources que les progrès des sciences physiques et naturelles mettent à notre disposition, les problèmes qui se rattachent à la production végétale et animale.

2° De tirer le plus possible, des expériences chimiques et physiologiques exécutées dans leurs laboratoires et dans leurs champs d'essais des conclusions immédiatement applicables à la pratique, qu'il s'agisse de la culture du sol, de l'élevage ou de l'engraissement du bétail.

Je le répète et je ne saurais trop y insister ; il ne s'agit plus ici d'essais empiriques que peut exécuter le premier venu avec plus ou moins de succès, de ces essais qui ont abouti, la plupart du temps, pour leurs auteurs, à des déceptions imputées, souvent fort à tort, aux doctrines scientifiques qui n'ont avec eux rien de commun.

L'idée dominante à laquelle répond la station agronomique, c'est la nécessité d'introduire la *méthode expérimentale* dans l'étude des phénomènes biologiques, qu'il s'agisse des plantes ou des animaux ; nécessité devenue évidente aujourd'hui pour tous ceux qui ont suivi avec quelque attention le mouvement scientifique de notre époque.

Là est l'avenir de l'agriculture. C'est la méthode expérimentale qui seule, à l'heure qu'il est, lui ouvrira la voie du progrès.

N'est-ce pas elle qui a conduit le génie de Lavoisier, d'Ampère, de Faraday, etc., aux immortelles découvertes qui servent de base à la chimie et à la physique générales ? N'est-ce point elle encore qui a enfanté la physiologie et présidé aux premières conquêtes sérieuses de la médecine ?

Les principes qui doivent nous guider dans la recherche des lois naturelles de la production végétale et animale ne sauraient différer de ceux qui ont ouvert aux physiciens, aux chimistes et aux physiologistes des temps modernes, des horizons inconnus à leurs devanciers.

La partie de l'agronomie, dont les stations ont surtout pour mission de s'occuper, consiste en réalité dans l'application, à des cas particuliers, des lois qui régissent la matière et président à ses mystérieuses évolutions dans le sein des organismes vivants.

Il est donc naturel qu'abandonnant les voies purement empiriques suivies jusqu'ici par l'agriculture pratique, les stations adoptent pour leurs recherches spéciales, les méthodes qui ont porté si haut dans notre siècle les diverses sciences, au concours desquelles l'agronomie demandera désormais tous ses progrès.

CHAPITRE II

CARACTÈRE SPÉCIAL DES STATIONS AGRONOMIQUES SUIVANT
LE BUT QU'ELLES SE PROPOSENT.

La révolution agronomique dont Liebig donnait le signal en 1840 par la publication de ses *Principes de chimie agricole*, devait avoir pour conséquence prochaine la création d'établissements spécialement consacrés aux recherches de chimie et de physiologie appliquées à l'agriculture.

Inaugurée avec autant de hardiesse que de génie par l'illustre novateur, cette lutte de la science contre les préjugés de la routine était bien faite pour séduire et passionner les esprits que ne satisfont pas les théories vagues et les affirmations sans preuve.

Le mouvement provoqué par les premiers écrits agronomiques de Liebig prit bientôt des proportions considérables. En Allemagne et en Angleterre, les adhésions enthousiastes comme les contradictions violentes ne tardèrent pas à se manifester. Les agronomes français seuls par suite, sans doute de leur ignorance de la langue allemande, de-

meurèrent complètement étrangers à ces importants dé-
bats (1). Toujours sur la brèche pendant près de vingt
ans, polémiste infatigable, l'illustre professeur de Munich
soutint, avec la passion inséparable des convictions arrê-
tées, les idées qui devaient constituer les bases de tout l'é-
difice agronomique.

Sur certains points, il est vrai, les doctrines de Liebig
ont subi des modifications; lui-même a dû revenir sur
quelques assertions trop absolues, mais l'ensemble de son
œuvre est restée debout, et ce lui sera un éternel honneur
d'avoir introduit d'une manière définitive l'expérimentation scientifique dans l'agriculture; d'avoir rendu évidente à tous les yeux clairvoyants l'impossibilité de progresser en matière agricole en dehors des règles de la
méthode expérimentale.

Liebig a fait, pour l'agriculture, ce que Cl. Bernard a réalisé pour la médecine. Ces deux grands esprits pénétrés,
de la nécessité d'éclairer enfin par le flambeau de l'expérience les phénomènes expliqués jusqu'ici par la *force
vitale*, la *force productive du sol*, et par d'autres causes oc-
cultes, c'est-à-dire par des *mots*, ont poursuivi, chacun
dans sa voie, l'application des mêmes principes à l'étude
des phénomènes biologiques. Par leurs travaux, par leurs
écrits, et par leur enseignement ils ont définitivement
vaincu la scolastique en introduisant dans les sciences qui
ont pour objet l'étude des phénomènes de la vie, les mé-

____

(1) Bien plus, les travaux et les doctrines des agronomes allemands
et anglais ont passé si inaperçues que, des savants profitant très-ha-
bilement de notre ignorance à cet endroit, sont parvenus, dans ces
dernières années, à se faire passer aux yeux du vulgaire pour des
inventeurs alors qu'ils ne sont en réalité que de médiocres plagiaires.

thodes auxquelles la chimie et la physique sont redevables déjà de si grands progrès, et dont l'application doit
avoir pour résultat l'abandon, par la science moderne,
d'hypothèses aussi vides de sens que les mots qui les représentent (1).

Plus heureux et plus habiles en cela que beaucoup d'inventeurs, Liebig et Cl. Bernard n'ont pas seulement servi
la science par leurs découvertes personnelles, ils ont fait
école.

Grâce à leur génie, une ère nouvelle a commencé pour
l'agriculture et pour la médecine ; l'empirisme a vécu, au
moins en tant que doctrine, et les disciples de ces maîtres
illustres continueront l'œuvre inaugurée avec tant d'éclat.

L'agitation salutaire provoquée, à l'étranger, dans le
monde scientifique par les doctrines de Liebig devait, comme
je le disais tout à l'heure, amener bientôt la création des stations agronomiques. C'est en effet ce qui arriva. A la Saxe
revient l'honneur d'avoir fondé cette utile institution. Le
docteur Crusius de Sahlis établit, en 1851, à Mœckern,
près Leipsig, dans une terre dont il était propriétaire, la
première station agronomique allemande (2). La société

(1) Voir la leçon d'ouverture des cours de chimie minérale de
M. H. Sainte-Claire Deville, à la Sorbonne. *Revue des cours scientifiques*, n° 6, janvier 1868.

(2) Les laboratoires et champs d'expériences de Bechelbronn et
de Rothamsted, constituent des établissements scientifiques dont la
création est antérieure à celle de Mœckern ; mais le caractère exclusivement privé de ces établissements, comparé au mode de fondation et au but plus complexe des stations allemandes autorise à
considérer la création de M. de Sahlis à Mœckern comme la première
station agronomique. Personne plus que moi n'admire les magnifiques travaux sortis du laboratoire de M. Boussingault et de celui de

économique de Leipsig, la société d'agriculture de la même
ville et le ministère de l'Intérieur s'empressèrent de pa-
tronner l'établissement de Mœckern; l'exemple donné par
M. Crusius de Sahlis fut bientôt suivi dans toute l'Allemagne, où l'on ne compte pas aujourd'hui moins de vingt-
huit stations dont le tableau suivant indique le siège avec
la date de leur fondation respective :

1.	Mœckern	(Saxe),	1851.
2.	Chemnitz	id.	1853.
3.	Halle	(Prusse),	1854.
4.	Prague	(Bohême),	1855.
5.	Bonn	(Prusse rhénane),	1856.
6.	Dahme	(Brandebourg),	1857.

MM. Lawes et Gilbert; mais, comme il est facile de s'en convaincre
par la lecture des pages suivantes, les rapports nécessaires des stations agronomiques avec le public et le programme imposé à ces établissements par leurs fondateurs, établissent entre eux et les laboratoires de Bechelbronn et de Rothamsted une différence profonde
qu'il serait injuste de méconnaître. Les critiques qui, à l'insu sans
doute de MM. Boussingault, Lawes et Gilbert, revendiquant pour Bechelbronn et Rothamsted la priorité, m'ont accusé indirectement de
ne pas rendre justice à ces savants; ces critiques, dis-je, ont montré
qu'ils ignorent l'organisation, le but et le fonctionnement des stations allemandes. Si l'on adoptait leur manière de voir, MM. Correnwinder, Schlœsing, Is. Pierre, et d'autres savants qui ont fait simultanément dans leurs laboratoires et dans des champs d'essais des
travaux d'une très-grande portée pour l'agronomie, devraient aussi
être cités comme fondateurs de stations. Mais, entrer dans cette voie,
ce serait confondre des installations *personnelles et privées* avec des
établissements journellement en rapport avec le public, par leur but
et par leurs travaux, et introduire une confusion que rien ne justifie
et que ne saurait permettre la lecture attentive des programmes des
stations allemandes.

7.	Pommeritz	(Saxe),	1857.
8.	Ida-Marienhütte (1)	(Schlesien),	1857.
9.	Weende	(Hanovre),	1857.
10.	Heidau	(Curhesse),	1857.
11.	Insterburg	(Prusse),	1858.
12.	Carlsruhe	(Baden),	1859.
13.	Kuschen	(Posen),	1862.
14.	Brunswick	(Brunswick),	1862.
15.	Iéna	(Thuringe),	1862.
16.	Dresde	(Saxe),	1862.
17.	Regenwalde	(Poméranie),	1863.
18.	Liebwerd	(Bohême),	1864.
19.	Munich	(Bavière),	1865.
20.	Hohenheim	(Wurtemberg),	1865.
21.	Cœthen	(Anhalt),	1865.
22.	Salzmünde	(Prusse),	1865.
23.	Memmingen (2)	(Bavière),	1865.
24.	Lobositz	(Bohême),	1865.
25.	Bayreuth	(Bavière),	1866.
26.	Wiesbaden	(Bade),	1868.
27.	Gœrz	(Autriche),	
28.	Klosterneuburg	(Autriche),	1868.

L'association agricole suisse, présidée par le docteur
Schild a fondé en 1863, à l'instar des établissements allemands, quatre stations alpestres dans les cantons de Berne,
de Schwitz, des Grisons et de Fribourg.

En Suède, à Stockolm, il existe depuis 1861 une station
fondée par la société royale d'agriculture, et dirigée par le

(1) Transférée à Breslau en 1868.
(2) Transférée à Augsbourg en 1868.

professeur Müller: cette station subventionnée d'abord par les membres de l'Académie d'agriculture, puis par l'État, est devenue la propriété du gouvernement. Enfin, la Hollande possède aussi, depuis 1861, une institution analogue, le *Jardin d'essai* de Devinter.

J'espère avoir réussi, dans les pages précédentes, à indiquer l'esprit qui a présidé à la fondation des *stations agronomiques*, le but fondamental de cette institution et le caractère dominant de la mission à laquelle elle est appelée.

Je vais maintenant préciser davantage le rôle et la nature des travaux des stations, sans toutefois entrer dans les détails d'organisation de ces établissements qui font plus loin l'objet d'un chapitre spécial.

On peut grouper sous quatre chefs principaux les divers buts que poursuivent les associations fondées en vue de propager les stations agronomiques :

1° Recherches et expériences sur la production des végétaux et des animaux. Le mot production est pris ici dans son acception la plus vaste : il comprend à la fois des recherches sur les diverses branches de la physiologie végétale et animale, de la zootechnie, de la chimie physiologique et de la météorologie envisagée au point de vue de la végétation.

2° Propagation, par l'enseignement oral, de la science agronomique, des connaissances acquises dans le laboratoire et dans les champs d'essai de la station. Enseignement nomade ou régulier. Conférences. — Conseils aux agriculteurs.

3° Publication des travaux effectués dans la station. Comptes-rendus annuels ou recueils périodiques.

4° Recherches spéciales et analyses de terre, d'eau et

d'engrais, pour les particuliers. Contrôle des fabriques d'engrais commerciaux.

A ces divers travaux, je propose de joindre l'obligation pour le directeur de la station, de provoquer la création de champs d'expériences dans les diverses exploitations rurales de la région, et d'imprimer à la direction de ces champs une unité de plan seule capable d'en assurer l'efficacité. Je formulerais ainsi cette cinquième obligation imposée au directeur des stations agronomiques.

5° Provoquer, dans les exploitations rurales de la région, la création de champs d'expériences établis conformément à un plan d'ensemble qui permît de tirer d'essais faits sur des sols différents et dans des conditions identiques (sous le rapport des engrais essayés et des plantes cultivées), des conclusions nettes, applicables à la pratique.

Le directeur de la station serait non-seulement chargé de proposer le plan des expériences à faire, mais il devrait aussi en suivre l'exécution et centraliser les rapports sur les résultats obtenus, pour les livrer, après discussion, à la publicité.

Le programme est vaste, on le voit, et nécessite, pour être mené à bonne fin, outre une grande activité de la part du directeur, un concours intelligent et dévoué du personnel placé sous ses ordres, une installation matérielle convenable et un budget assez large. Je reviendrai plus loin sur l'ensemble de cette organisation; mais il nous faut auparavant entrer dans quelques développements sur chacun des ordres de travaux qui viennent d'être énumérés; je vais les examiner successivement.

Recherches et expériences sur la production des végétaux et des animaux.

La production des êtres vivants, qu'il s'agisse des plantes ou des animaux, est soumise à des lois naturelles, dont la connaissance importe au plus haut point à l'agriculteur. C'est l'étude de ces lois qui doit faire l'objet principal des recherches entreprises dans les stations. Quelques exemples suffiront pour montrer l'importance de cette étude. Considérons d'abord la production végétale.

On sait aujourd'hui d'une manière certaine qu'un sol ne peut donner indéfiniment des récoltes égales à elles-mêmes qu'à la condition qu'on lui restitue sous une forme ou sous une autre les matières enlevées par les récoltes; mais pour opérer cette restitution de la manière la plus efficace (et toute la question des engrais est là), il faut résoudre préalablement un certain nombre de problèmes restés jusqu'ici fort obscurs encore, mais dont la solution ne peut échapper à des recherches persévérantes.

Pour fixer les idées, prenons, par exemple, la culture du froment. Réduite à sa plus simple expression, la question que doit se poser tout cultivateur est celle-ci: à quels moyens dois-je recourir pour obtenir, avec le moins de frais possible, la plus abondante récolte ? La réponse nécessite, comme on le va voir, la résolution préalable, à peine entrevue jusqu'ici, d'une série de problèmes chimiques et physiologiques.

Les deux termes importants de ces divers problèmes sont, d'une part, la plante, de l'autre, le sol. Examinons-les rapidement.

En ce qui concerne la plante, nous aurons d'abord à rechercher quels sont les éléments indispensables à la croissance complète du blé ; 2° dans quelles proportions et sous quelle forme le blé doit les rencontrer dans le sol. Quand nous saurons exactement quels aliments sont indispensables au froment, nous devrons nous assurer qu'ils existent dans le sol à emblaver en quantité suffisante et sous une forme convenable. (Analyse du sol).

Nous aurons à déterminer ensuite l'influence de l'état physique du sol sur l'assimilation par le froment des matières nutritives qu'il contient et les moyens à l'aide desquels il est possible d'amener la terre arable à l'état physique reconnu nécessaire.

Les conditions normales de la culture du blé une fois connues, il ne sera pas difficile de restituer au sol les matières qui lui manquent ; mais, on le voit, toute la question des engrais est subordonnée à la connaissance des lois physiologiques de la production des végétaux. Ce que je viens de dire du froment s'applique à toutes les plantes agricoles.

Les travaux des stations allemandes ont déjà jeté un grand jour sur quelques-uns de ces points, mais le champ d'exploration est vaste et promet une ample moisson de découvertes.

Dans l'ordre de la production animale, les sujets d'étude ne sont pas moins nombreux ni moins importants (1). Je

---

(1) Consulter à ce sujet un mémoire du savant directeur de la station de Weende, M. le prof. Henneberg qui a pour titre Uber das ziel und die methode der von der Landw. Versuchs-stationen auszuführenden thier-physiologischen Untersuchungen. Journal für Landv. 1868.

me bornerai à signaler le problème capital qui s'offre aux investigations des expérimentateurs.

La science a mis en évidence la fausseté des idées anciennes qui attribuaient au corps de l'animal la propriété de s'entretenir et même de s'accroître de sa propre substance. Elle a démontré que les éléments constitutifs de tout organisme vivant proviennent uniquement du monde extérieur. Chaque particule d'oxygène, d'hydrogène, de chaux, d'acide phosphorique, avant de constituer nos tissus, faisait partie d'autres composés inanimés ou vivants.

Les êtres supérieurs de l'échelle zoologique puisent leurs aliments à deux sources : dans l'air qu'ils respirent et dans la nourriture qu'ils absorbent.

Il résulte de là : 1° qu'il existe entre la nature des aliments et la formation des tissus et des liquides de l'économie un rapport étroit; 2° que toutes choses égales d'ailleurs, c'est de la qualité et de la quantité des substances introduites dans le corps d'un animal que dépendent la qualité et la quantité des substances produites sous l'influence de la vie d'après les lois déterminées et invariables.

L'étude de ces lois chez les animaux domestiques, et principalement chez le bœuf, le mouton et le porc, peut seule conduire à une alimentation rationnelle du bétail; elle doit être inscrite au premier rang des sujets de recherches dont s'occupent les stations agronomiques.

Il est facile de voir par ces deux exemples combien est vaste le champ qui s'ouvre aux investigations de la chimie et de la physiologie appliquées à l'agriculture. Au début, les stations allemandes s'adonnaient à la fois aux recherches relatives à la production végétale et à la production animale. Elles n'ont pas tardé à reconnaître qu'il serait préférable, dans l'intérêt de la science même, de s'attacher presque exclusivement à l'une des deux branches du programme que je viens de tracer. Cette tendance à la spécialisation prend chaque jour plus d'extension; elle a sa raison d'être non-seulement dans la complexité et dans l'étendue de ce programme, mais aussi dans la difficulté pour un savant de se livrer en même temps d'une manière fructueuse à des études qui exigent l'emploi de méthodes et de procédés très-différents.

La station de Wœnde et celle de Halle peuvent être considérées comme des stations modèles pour les recherches sur la nutrition des animaux. Dahme et Hohenheim, de leur côté, sont des types de stations adonnées aux études de physiologie végétale. La spécialisation n'est d'ailleurs pas absolue, comme on en peut juger par l'extrait suivant, du rapport de M. le professeur Eichhorn (1) à la commission centrale de la Société royale de Prusse, sur les sujets d'expériences et de recherches mis à l'étude dans les stations de l'Allemagne du Nord pendant les années 1867 et 1868. — Ce tableau donnera une idée de l'activité des stations et des services qu'elles rendent à l'agriculture; sa lecture me dispensera d'entrer dans de plus longs détails à ce sujet.

HALLE. — *Directeur M. Stohmann.* — *Année 1867.*

1° Recherches sur l'alimentation et la nutrition des animaux qui produisent du lait.

---

(1) Jahres-Bericht der central commission für das agrikultur Chemische Versuchswesen in Preussen für das Jahr 1867. Ann. der Landw. t. 51. 1868.

2º Recherches sur les moyens d'empêcher la maladie de la pomme de terre.

3º Influence des engrais potassiques sur la qualité des betteraves à sucre et sur le rendement des orges.

4º Expériences sur la désinfection des eaux des fabriques.

5º Observations sur la température du sol à diverses profondeurs.

6º Influence de l'alimentation sur la fragilité des os du bétail.

De plus, dans l'année 1867, la station a exercé son contrôle sur huit dépôts d'engrais artificiels : il a été en outre exécuté dans le laboratoire de Halle 484 analyses de diverses substances pour le compte de particuliers.

Année 1868. — On continue les essais d'amendement avec les sels de potasse dans la culture de la betterave, et les observations sur la température du sol. Les nouveaux travaux entrepris pour 1868 sont :

1º Culture du pavot (sur la demande du ministre de l'agriculture).

2º Essais d'engraissement du mouton (influence de l'alimentation à l'aide des corps gras, des féculents et du sucre).

3º De l'influence des tontes répétées sur la nutrition des animaux.

REGENWALDE. — *Directeur, M. Birner.*

Année 1867. — 1º Recherches sur la désagrégation du feldspath sous l'influence de l'air, de l'acide carbonique, de la chaux, etc.

2º Recherches sur la détermination des conditions dans

lesquelles s'effectue la formation de l'acide nitrique dans le sol.

3° Essais de culture en vue de déterminer les conditions de nutrition des végétaux.

4° Etudes sur la nature chimique du suin.

5° Dosage de l'ammoniaque et de l'acide nitrique dans les eaux météoriques.

6° Recherches sur les questions suivantes :

a. Les principes dissous dans les eaux de rivières et des ruisseaux de la contrée suffisent-ils à l'alimentation des prairies ?

b. Détermination des principes immédiats des divers fourrages, etc.

7° Essais de fumure avec les sels de potasse, les phosphates et les nitrates sur l'avoine, le trèfle et le seigle.

8° Essai de la méthode Mallet pour préserver les pommes de terre de la maladie.

En outre, la station de Regenwalde a contrôlé trois dépôts d'engrais artificiels et exécuté de nombreuses analyses pour les membres de l'association régionale d'agriculture. Au nombre des services rendus dans le cours de l'année 1867 par la station de Regenwalde, je dois signaler encore les leçons d'agriculture faites en divers points de la Poméranie par les chimistes de la station et les renseignements oraux ou écrits donnés aux nombreux agriculteurs qui se sont adressés à eux.

Année 1868. — 1° Études sur les modifications apportées à la constitution du sol par différents sels.

2° Essais de culture du pavot, en vue de la production de l'opium.

3° Recherches sur la nature de la maladie de la pomme de terre et sur les moyens d'y remédier.

4° Essais du sel marin dans la culture du lin.

5° Études chimiques sur la pomme de terre, au point de vue de la fabrication de la fécule.

BONN. — *Directeur M. Karmrodt.* — *Année 1867.*

1° Recherches sur les méthodes de dosage de l'acide phosphorique, de la potasse et de l'acide tannique.

2° Application du polarimètre à l'analyse du lait.

3° Recherches sur des feuilles de mûrier de trois provenances différentes, sur leur emploi comme aliment et sur l'influence que peut exercer leur usage sur la maladie des vers à soie.

4° Recherches sur les excréments des papillons et des vers prêts à filer.

Les études comprises sous les n°ˢ 3 et 4 ont été entreprises à la demande de la section de sériciculture de l'association agricole de la Prusse rhénane.

5° Recherches sur l'extrait du lait de Thann, en Suisse.

6° Essais comparatifs de fumure avec le guano du Pérou, le guano soluble, les sels de potasse, etc., sur les pommes de terre, les betteraves et le lin.

Il a en outre été fait 193 analyses dans le laboratoire de Bonn.

Année 1868. — Continuation des essais de culture du n° 6. Dosage de l'ammoniaque et de l'acide nitrique dans l'eau de pluie.

Essais de culture du pavot.

Kuschen. — *Directeur M. Peters. — Année 1867.*

1º Recherches sur la constitution du superphosphate et sur sa conservation.

2º Sur la préparation de la poudre d'os pour engrais.

3º De l'action du guano et du superphosphate sur les principes nutritifs existant dans le sol à l'état insoluble.

4º Sur la désagrégation du granit, du gneiss et de la terre arable.

5º Sur le lavage de la laine et les pertes produites par cette opération.

6º Sur la maladie de la pomme de terre.

7º Essais de culture de végétaux dans des dissolutions salines.

8º Analyses de plantes nouvelles pour la culture.

9º Essais d'acclimatation et de culture, etc.

La station de Kuschen a écrit 300 lettres en réponse aux questions qui lui ont été posées sur des sujets agricoles.

Il a en outre été fait dans divers comices de la province de Posen plusieurs conférences.

Année 1868. — Continuation de la plupart des essais de 1867.— De plus, recherches analytiques, en vue de découvrir un procédé permettant de déterminer les principes nutritifs qui existent dans le sol à un état assimilable par les végétaux.

Insterburg. — *Directeur M. Pincus. — Année 1867 :*

1º Essai de fumure avec les sels de potasse sur les céréales d'été et d'hiver, le trèfle et les prairies.

2º Analyse des fourrages obtenus à l'aide de diverses fumures.

3° Recherches sur la quantité de suin fournie par la laine des moutons de différentes races.

Contrôle de deux dépôts d'engrais artificiels : analyses nombreuses de marnes, d'engrais, d'eau pour le compte des membres de l'association régionale agricole.

Année 1868. — Continuation des essais de fumure avec le sel de potasse, commencés en 1867.

Dosage de l'ammoniaque et de l'acide nitrique dans les eaux météoriques.

Recherches sur la faculté d'absorption du sol et sur les échanges qui ont lieu entre les éléments minéraux du sol et ceux des amendements qu'on y introduit.

Essais de culture du tournesol et du pavot.

YDA-MARIENHÜTTE. — *Directeur, M. Lœwig.*
— *Année 1867 :*

1° Dosage de l'ammoniaque, de l'acide nitrique, de la matière organique et des substances minérales contenus dans les eaux de pluie tombées du 15 avril 1866 au 1er janvier 1868.

2° Essais de nutrition des plantes de la grande culture dans un mélange de quartz pur et de silicates hydratés, arrosé de dissolutions salines chimiquement pures :

a. Avec le concours de zéolithes à réaction alcaline.

b. Avec le concours de zéolithes à réaction acide, avec ou sans ulmine.

3° Recherches sur la quantité de nitrate d'ammoniaque qui se forme, pendant l'évaporation de l'eau, dans différentes conditions naturelles. — Recherches en vue d'une réponse à la question suivante : Le sol emprunte-t-il de l'ammoniaque à l'atmosphère, et combien en prend-il dans une année ? Ces expériences se poursuivent concurremment avec les observations météorologiques.

4° Recherches sur la maladie de la pomme de terre.

5° Recherches sur la manière dont se comportent les éléments du sol avec l'eau à l'état liquide et à l'état de vapeur.

6° Essais de fumure de seigle avec les sels de potasse.

7° Essais de culture de l'avoine, de l'orge, du lin, des pommes de terre, des betteraves et du seigle avec le superphosphate, le sulfate de potasse, le sulfate de magnésie et le nitrate de soude du Chili.

Contrôle d'une fabrique de superphosphate.

Correspondance avec les agriculteurs et publications diverses.

Année 1868. — Continuation des expériences et essais de 1867, sauf les essais du n° 5.

Culture du pavot.

DAHME. — *Directeur. M. Hellriegel.*

1° Essais de culture dans le sable en vue de la solution de cette question : Quels principes et en quelle quantité sont nécessaires à la production de 100 parties en poids de seigle, de blé, d'orge et d'avoine?

2° Essais sur l'influence de la dimension des germes de pomme de terre sur le rendement.

3° Essai de fumure avec les sels de potasse.

4° Essais d'engraissement du bœuf.

5° Nombreuses analyses en vue des expériences indiquées au n° 1.

Contrôle d'un dépôt d'engrais artificiel.

Nombreuses analyses pour le compte de membres de

2

l'association régionale. — Visite d'exploitations, enseignement oral. — Correspondance.

Année 1868. — Continuation des essais de 1867.

WEENDE. — *Directeur, M. Henneberg.*

1° Essais comparatifs d'engraissement avec les races negretti et negretti-rambouillet.

2° Recherches sur la nutrition du mouton.

3° Recherches sur la composition des différentes sortes de betteraves pour le bétail.

4° Recherches sur les méthodes de dosage de l'azote et de l'acide nitrique contenu dans les fourrages et dans les végétaux en général.

5° Essais de culture du trèfle avec différents engrais.

6° Essais de culture permanente d'avoine avec fumure annuelle, et comparativement essais de culture de la même plante avec alternance.

7° Essais de culture dans la tourbe.

8° Essais de fumure de betteraves à fourrages avec les phosphates et les sels de potasse.

9° Essais sur des pommes de terre.

10° Essais sur le blé d'hiver.

Analyses de terre, d'engrais, de chaux, etc.

Année 1868. — Continuation des essais de 1867.

ALTMORSCHEN. — *Directeur, M. Dietrich.*

1° Recherches sur la composition et la valeur nutritive de différentes sortes de foin.

2° Recherches sur la composition du trèfle récolté dans différents sols.

3° Essais de culture (en pots) en vue d'étudier l'épuisement du sol.

4° Essais de fumure avec différents engrais artificiels.

5° Culture de différentes sortes de pommes de terre.

6° Observations météorologiques complètes.

Tels sont les principaux sujets d'études que poursuivent les *stations* de la Prusse. On voit par cette simple énumération combien de questions intéressantes sont l'objet des recherches des chimistes agricoles de l'Allemagne du Nord, et comment aussi des études de ce genre pourraient être entreprises chez nous pour le plus grand profit de notre agriculture.

Stations spéciales : stations pour la viticulture et la vinification, la sériciculture, la sylviculture, pour les essais des machines agricoles.

La tendance à la spécialisation, à mesure que s'accroît le domaine de la science, ne paraît pas devoir se borner aux deux grandes divisions rappelées plus haut. Il se forme aujourd'hui en Allemagne des stations spéciales pour la sylviculture (1), la viticulture et la vinification, la sériciculture, pour l'essai des machines agricoles (2), etc. L'industrie sucrière a aussi ses labora-

---

(1) Je suis heureux de signaler à ce propos, à mes lecteurs, la fondation d'une station météorologique forestière à Nancy. Organisée en 1865 par les soins de l'école forestière, cette station a déjà recueilli et publié un certain nombre d'observations très-intéressantes sur les quantités d'eaux tombées et évaporées sous bois et hors bois, sur la température de l'air dans les forêts et dans les terrains non boisés, etc... Voir, à ce sujet, les comptes-rendus adressés par M. l'inspecteur Mathieu, à l'administration forestière, année 1866 et 1867. L'exemple donné par l'école de Nancy est suivi en Allemagne depuis l'an dernier.

(2) Il n'existe pas en Allemagne de concours de machines analogues aux nôtres, ce qui explique l'utilité de la station créée à Halle pour expérimenter ces machines.

toires spéciaux. Il me semble inutile d'insister davantage
sur l'utilité de ces établissements, leur but étant suffisamment défini par leur titre même.

De l'enseignement oral.

En ce qui concerne l'enseignement donné par les *stations*, j'ai peu de chose à dire ici. En France, comme
en Allemagne, cet enseignement variera nécessairement
avec le lieu où sera située la station. Si, comme à Weende,
à Hohenheim, à Halle, etc., les stations sont voisines d'un
grand établissement d'enseignement agricole et placées sous
la direction d'un des professeurs de cet établissement,
l'enseignement sera notablement différent de celui que
donneront les savants chargés de diriger des stations
éloignées d'un grand centre universitaire.

Le plus généralement ce sera sous la forme de conférences faites, dans divers points de la région où est située
la station, par le directeur ou par ses aides, que se propa-
geront les notions acquises dans le champ d'expériences,
dans l'étable de recherches et dans le laboratoire. On ne
peut guère à l'avance tracer de règles à ce sujet. L'expérience et la connaissance des besoins de la région sont le
meilleur guide en cette matière. Je reviendrai plus loin
sur ce sujet.

Je renverrai au chapitre suivant quelques développements sur les conditions auxquelles les analyses d'engrais,
de sol et d'eau devront être exécutées pour le compte du
public. J'indiquerai en même temps comment peut être
réglé le contrôle des engrais commerciaux. Des indications
précises sur l'organisation, la direction et les récoltes des
champs d'expériences, font l'objet des chapitres suivants.

CHAPITRE III

ORGANISATION DES STATIONS AGRONOMIQUES.

Création des stations. — Rôle de l'initiative privée des associations agricoles de l'Etat. — Statuts de l'association Bavaroise par la fondation d'une station agronomique.

Presque toutes les stations ont été fondées par les associations agricoles allemandes; il me semble utile de donner ici quelques indications sommaires sur le nombre et la répartition des sociétés d'agriculture de l'Allemagne qui peuvent, à bon droit, revendiquer une large part dans les progrès considérables réalisés depuis une vingtaine d'années par nos voisins d'outre-Rhin.

L'organisation politique d'un pays imprime nécessairement aux institutions nationales un caractère particulier, qui varie d'un peuple à l'autre et se traduit par des différences essentielles sinon dans le but, au moins dans la forme de ces institutions. L'existence autonome des nombreux Etats dont la juxtaposition constituait jusqu'à ces dernières années la nation allemande, a eu pour résultat la création, en Allemagne, d'un très-grand nombre d'associations agricoles jouissant d'une vie propre, ayant chacune des statuts distincts, et réunies cependant en confédérations plus ou moins étendues. On ne trouve donc pas au-delà du Rhin, comme en Angleterre, quelques Sociétés réunissant dans leur sein tous les citoyens qui, à un titre quelconque, s'intéressent à l'agriculture, mais bien de nombreux centres auxquels viennent aboutir des associations disséminées sur toute la surface des provinces allemandes. Malgré la différence existant dans les statuts de ces diverses Sociétés, il serait facile, en étudiant spécialement les plus importantes d'entre elles, de faire connaître d'une manière suffisante l'organisation des associations agricoles de l'Allemagne, de montrer leur supériorité sur nos *comices*, et d'indiquer ce que ces derniers pourraient leur emprunter.

On peut tout d'abord grouper sous trois chefs principaux les associations agricoles de l'Allemagne :

1° Associations centrales (*Landwirthschaftliche central-vereine*), dont le siége est d'ordinaire dans une grande ville.— 2° Associations de district (*Kreis-vereine*). Affiliées aux associations centrales, les *Kreis-vereine* reçoivent d'elles une direction et des subventions d'importance variable. 3° Associations non centralisées, c'est-à-dire n'ayant aucun rapport officiel et statutaire avec les associations centrales. A quelques exceptions près, toutes les Sociétés agricoles allemandes rentrent dans l'une de ces trois catégories. Toutes les applications des arts et des sciences ayant trait à l'agriculture sont représentées par des Sociétés destinées à faire progresser les diverses branches de la science agricole : c'est ainsi qu'on trouve des comices spéciaux ayant pour objet l'industrie des abeilles, des vers à soie, la culture des prés, des bois, des houblons, etc.; la fabrication du sucre, de la bière, etc., etc.

L'Allemagne, en 1867, ne comptait pas moins de 1960 associations agricoles appartenant aux trois ordres indiqués plus haut, et réparties de la manière suivante :

	Associations centrales.	Associations de district.	Associations libres.
Royaume de Prusse.	20	382	127
Empire d'Autriche.	12	310	34
Royaume de Bavière.	9	245	22
Royaume de Saxe.	5	298	—
Royaume de Hanovre.	6	96	9
Royaume de Wurtemberg.	1	64	4
Grand-duché de Baden.	1	71	—
Grand-duché de Hesse.	1	49	5
Hesse-Cassel.	1	28	—
Landgraviat de Hesse-Hombourg.	1	—	—
Duché de Nassau.	1	6	1
Duché de Luxembourg.	1	4	1
Duché d'Oldenbourg.	1	24	3
Duché de Brunswich.	1	5	—
Grand-duché de Mecklembourg-Schwerin.	1	23	3
Grand-duché de Mecklenbourg-Strelitz.	—	—	3
Duché de Slesvig-Holstein et Lauenbourg.	1	22	6
Grand-duché de Saxe-Weimar-Eisenach.	5	61	—
Duché de Saxe-Cobourg-Gotha.	1	13	5
Duché de Saxe-Meiningen.	1	30	—
Duché de Saxe-Altenbourg.	—	—	8
A reporter.	70	1,701	231

Report. .	70	1,701	231
Duché d'Anhalt.	1	8	1
Principauté de Lippe.	1	3	2
Principauté de Schwarzbourg-Rudolfstadt.	—	—	7
Principauté de Schwarzbourg-Sondershausen.	1	2	3
Principauté de Reuss.	—	—	9
Principauté de Waldeck.	1	3	—
Ville libre de Francfort-sur-le-Mein.	—	—	3
Ville libre de Hombourg..	—	—	4
Ville libre de Lubeck.	—	—	2
Ville libre de Brême.	—	—	2
Total.	78	1,717	165

Il existe donc aujourd'hui en Allemagne 1960 associations qui répandent autour d'elles les saines notions de l'agriculture, créent et soutiennent les stations agronomiques, entreprennent des essais de culture, ou d'amendement du sol, etc. ; il faut ajouter à cette énumération l'indication d'autres institutions non moins utiles, telles que le Collége d'économie rurale de Berlin, les commissions de surveillance de l'agriculture et de l'art forestier.

L'esprit d'association porté à un si haut degré chez les agriculteurs allemands a présidé presque partout de l'autre côté du Rhin à la fondation des *stations agronomiques*. Partout aussi l'État encourage, par des subventions, le développement de ces établissements ; enfin, quelques particuliers augmentent, par des dons, les ressources des stations.

Le tableau ci-dessous, qui indique le budget des neuf stations dont j'ai reproduit précédemment le programme de recherches pour l'année 1867-68, donnera une idée assez exacte de la part de l'État, des associations et des particuliers dans l'entretien des stations agronomiques allemandes ; à ces trois sources de revenus vient s'ajouter éventuellement le produit des analyses et du contrôle des engrais dont il sera question plus loin :

NOM des STATIONS	SUBVENTIONS			PRODUIT des analyses et du contrôle des engrais.	TOTAL —	TOTAL en francs (chiffres ronds)
	de l'État	des associations agricoles	des par- ticuliers			
	EN THALERS					
Halle..... .	1,200	1,161	—	526 pour ana- lyses 3,501 1/2 pour contrôle d'engrais	6,279 1/2	fr. 23,500
Regenwalde....	1,200	580	—	150	1,930	7,240
Bonn.	880	120	—	750	1,756	6,550
Kuschen...	1,050	340	50	415	1,525	5,720
Insterburg.	900	350	—	—	1,250	4,610
Yda-Marien- hütte (1).	1,100	300	(1)	239 pour ana- lyses. 1,641 pour con- trôle d'engrais	3,280	12,300
Dahme	2,200	500	150	300	3,150	11,810
Weende...	1,400	2,350	—	19	3,749	14,060
Altmorschen....	1,200	180	265	—	1,645	6,170

(1) A Yda-Marienhütte, le local de la station, l'habitation du directeur et de ses assistants (préparateurs), sont fournis gratuitement par M. le conseiller privé Kulmiz, qui entretient à ses frais le gardien du laboratoire.

Il n'est peut-être pas inutile, au moment où l'attention se porte dans notre pays sur la création d'établissements analogues, d'indiquer comment les associations pour la création de stations prennent naissance en Allemagne et suivant quelles bases elles se constituent.

Quelques personnes s'intéressant à l'agriculture, des

propriétaires, des praticiens, des professeurs de l'Université se réunissent et adressent par la voie des journaux et des brochures un appel direct au public ; ils exposent sommairement le but qu'ils se proposent et provoquent, à jour et heure fixes, une assemblée générale des personnes qui adhèrent au projet de création d'une station agronomique dans leur région.

Ce comité, composé de quelques hommes d'initiative, rédige ensuite un programme plus détaillé dans lequel il insiste sur les services que peut rendre l'association projetée, sur les besoins particuliers de la localité, et sur les chances probables du succès. Il complète cet exposé par un budget provisoire, indiquant les dépenses nécessitées par l'établissement de la station et par son entretien. Enfin, il rédige, sous forme de statuts et règlements, les bases de la future association. Ces divers documents sont ensuite soumis à l'assemblée générale des adhérents, discutés ou votés avec ou sans modification ; l'association se trouve alors constituée. Elle établit un bureau qui nomme son président et son vice-président ; le nombre des membres de ce bureau varie de cinq à neuf suivant l'importance de l'association. D'ordinaire, le directeur de la station est, de droit secrétaire, du comité.

Bien que les statuts des associations allemandes offrent, suivant les localités, quelques légères différences, on peut se former une idée très-exacte de l'organisation de ces sociétés, par la lecture des statuts de l'association de Bavière dont je crois utile de donner la traduction *in extenso*. — Cette association, fondée en 1865, a mis a profit l'expérience acquise par celles qui l'ont précédée, et son organisation permet de la considérer comme le type des associations qui ont pour but la création de stations.

STATUTS DE L'ASSOCIATION POUR LA FONDATION DE STATIONS
AGRONOMIQUES DANS LE ROYAUME DE BAVIÈRE.

TITRE PREMIER

Nom et siége de l'Association.

Art. 1er. L'association prend pour titre :
Association pour la fondation de stations agronomiques
dans le royaume de Bavière.

TITRE II

But de l'Association.

Art. 2. Le but de l'association est d'être utile aux agriculteurs Bavarois, d'une part, en faisant profiter l'agriculture pratique des résultats acquis par les sciences
naturelles, et, en particulier par la chimie, de l'autre, en
soumettant à la science les résultats et les *desiderata* de la
pratique. L'association doit être, en quelque sorte, l'intermédiaire entre la théorie et la pratique. Elle s'efforcera
d'atteindre ce but par les moyens suivants :

1º Par des recherches et des expériences relatives à la
production des végétaux et des animaux envisagée dans
l'acception la plus large du mot. (Station d'essais agronomiques.)

2º Par l'enseignement et la propagande au moyen de
conférences. (Professeurs nomades).

3º En publiant un recueil scientifique périodique.

4º Par des recherches spéciales, des consultations et
des expertises. (Analyses de sols, d'engrais, etc.)

5º En aidant ses membres matériellement et par des
conseils dans leurs recherches.

Art. 3. La station agronomique a pour mission :

1º De fixer, par des expériences et par des essais, les lois naturelles de la nutrition des plantes et des animaux et d'en introduire l'application dans la pratique.

2º D'augmenter, par des expériences spécialement entreprises dans ce but, la connaissance de ces lois naturelles et d'enseigner l'application qui peut en être faite dans les divers cas. Tous les essais institués à la station devront avoir une tendance pratique, les recherches *purement* scientifiques devant être exclues du programme des travaux.

3º De contrôler le commerce des engrais et de faire les analyses demandées par les intéressés.

TITRE III

Membres de l'Association, Ressources, etc.

Art. 4. Sera membre de l'association toute personne qui déclare adhérer aux statuts et s'engage à verser annuellement une cotisation dont le minimum est fixé à 5 florins (10 fr. 75 c.).

Toute corporation, société ou établissement peut faire partie de l'association au même titre que les particuliers et participer aux droits et avantages de ces derniers.

La station s'impose le devoir d'aider, suivant ses ressources, les membres de l'association par des conseils, par des essais, par des analyses et par des expertises.

Art. 5. La démission d'un membre doit être notifiée, par écrit, au directoire avant le 31 décembre : faute de remplir cette formalité en temps utile, le membre démissionnaire continue à faire partie de l'association jusqu'à la fin de l'année suivante.

Tout membre qui sera resté deux années consécutives

sans verser sa cotisation peut être exclus de l'association, sans préjudice au recours que l'association peut exercer contre lui pour le payement des cotisations arriérées.

Art. 6. On fait face aux dépenses courantes à l'aide des cotisations annuelles, des dons et subventions, et du revenu des analyses et expertises.

TITRE IV

Administration. — Direction.

Art. 7. La direction supérieure de la société est confiée à un directoire composé de cinq membres auxquels est adjoint un délégué du comité général de la société d'agriculture de Bavière. Trois des membres du directoire doivent être choisis parmi les sociétaires résidant à Munich ou dans le voisinage de la ville. Les cinq membres du directoire et trois membres adjoints sont élus par l'assemblée générale. Tous les ans, le sort désigne deux des membre qui sont alors remplacés. Les membres sortants sont rééligibles.

Le président de l'assemblée générale annuelle est désigné par la voie du sort.

Art. 8. Le directoire nomme son président, son vice-président et son trésorier. Le directeur de la station de Munich assiste aux séances et remplit les fonctions de secrétaire ; il a voix consultative.

Art. 9. Les décisions du directoire, pour être valables, doivent être prises après convocation régulière des membres. La présence de trois membres est nécessaire pour que les décisions soient valables.

Art. 10. Les votes du directoire ont lieu à la majorité

des suffrages ; en cas de partage, la voix du président est prépondérante.

Art. 11. L'association est représentée dans toutes les circonstances devant les tribunaux, devant les autorités et pour toutes les affaires de l'association par le président ou, à son défaut, par le vice-président.

Art. 12. Le directoire s'assemble régulièrement tous les trois mois, il se réunit, en outre, chaque fois que le président le juge nécessaire ou que deux de ses membres le demandent.

Art. 13. Le directoire décide sur toutes les questions qui intéressent l'association, à l'exception de celles qui sont du ressort de l'assemblée générale ou du directeur de la station ; il rend exécutoire les propositions de ce dernier ; conclut les engagements et marchés relatifs au service de la station, en conformité de l'art. 4. Il approuve les projets de recherches et le budget des dépenses y relatives ; il vérifie les comptes de la station et en présente le relevé à l'assemblée générale qui doit les approuver définitivement. Le rapport de fin d'année doit être déposé quinze jours avant l'assemblée générale, au siége de l'association afin que tous les membres puissent en prendre connaissance.

Direction de la station.

Art. 14. Le directeur de la station est un chimiste agronome nommé par le directoire. Il a pour mission de remplir le programme de l'association (art. 2).

Au mois de novembre de chaque année, il doit présenter à l'approbation du directoire le plan des recherches de l'année suivante.

Sur la proposition du directeur de la station, le directoire nomme et révoque le personnel de la station. Il ratifie de même les propositions du directeur relatives aux traitements des employés.

Le directoire peut investir le directeur de la station de tout ou partie de ses pouvoirs en ce qui concerne le choix, la révocation, et la fixation du traitement du personnel placé sous ses ordres.

TITRE V

Assemblée générale.

Art. 15. Le directoire convoque tous les ans les membres de l'association en assemblée générale. Il fixe le lieu et la date de la réunion de cette assemblée. Il fait les convocations conformément aux art. 18 et 20, par la voie du recueil de l'association ou par l'intermédiaire d'autres journaux, selon qu'il le juge convenable.

Art. 16. Le président du directoire ou, à son défaut, le vice-président, préside l'assemblée générale, présente le compte annuel à l'approbation de l'assemblée, et communique le plan des recherches de l'année suivante et le devis des dépenses.

Le directeur de la station rend compte des travaux de la station dans l'année écoulée et des résultats obtenus.

Art. 17. L'assemblée générale procède ensuite, conformément à l'art. 7, à la nomination du directoire.

Le vote a lieu au scrutin secret. L'assemblée désigne, si elle le juge convenable, trois de ses membres pour la vérification des comptes. L'assemblée délibère et vote la ratification des dépenses.

Art. 18. Les propositions que les membres de l'association désirent soumettre à l'assemblée générale doivent être préalablement adressées par écrit au directoire.

Si ces propositions ont pour objet une modification aux statuts ou la dissolution de l'association, elles doivent être revêtues de la signature de vingt-cinq membres au moins, et adressées au directoire quinze jours au plus tard avant la date fixée pour l'assemblée générale.

Art. 19. L'assemblée générale a seule le droit de statuer valablement sur :

a. Les modifications ou additions aux statuts.

b. La dissolution de l'association.

c. Le budget annuel.

Art. 20. Les propositions que des membres voudraient porter à l'assemblée générale en ce qui touche les alinéas *a* et *b* de l'art. 19 doivent être inscrites à l'ordre du jour de l'assemblée générale et adressées aux membres de l'association avec les lettres de convocation.

Art. 21. L'assemblée générale prend ses décisions à la majorité des suffrages exprimés, en tenant compte des votes des membres qui se sont fait représenter régulièrement à l'assemblée.

Pour que l'assemblée puisse délibérer valablement, en ce qui concerne les alinéas *a* et *b* du § 19, il faut que la proposition ait réuni les deux tiers des suffrages exprimés et que moitié, au moins, des membres de l'association ait pris part au scrutin. Les abstentions des membres présents à la discussion sont considérées comme des votes défavorables à la proposition et comptées comme tels.

Si l'assemblée générale, au moment du vote, ne compte pas moitié des membres de l'association, le directoire ajourne la discussion à une nouvelle assemblée générale convoquée spécialement à ce sujet et dans laquelle les votes sont acquis à la majorité pure et simple.

Art. 22. Un membre de l'association ne peut se faire remplacer dans l'assemblée générale que par un autre membre, muni à cet effet de pouvoirs réguliers. Aucun mandataire ne peut représenter plus d'un membre et disposer de plus d'une voix outre la sienne. Les associations, corporations, établissements peuvent se faire représenter à l'assemblée générale par un délégué.

Art. 23. La convocation de l'assemblée générale extraordinaire prévue par l'article 15 est laissée à l'appréciation du Directoire.

En dehors du cas prévu par l'article précité, l'association peut être convoquée en assemblée générale sur la demande écrite adressée, par 25 membres au moins, au directoire.

Art. 24. En cas de dissolution de l'association, son avoir sera mis à la disposition d'un établissement d'enseignement agricole de Bavière.

———

La lecture de ces statuts fait connaître d'une façon nette et précise la manière dont s'organise chez nos voisins une station agronomique et me dispense d'entrer à ce sujet dans de plus longs développements. J'ajouterai à ce qui précède une seule observation relative à l'article 14 (attributions du directeur de la station).

Comme je l'ai déjà dit, c'est de la valeur et de la notoriété personnelles du directeur de la station que dépendent surtout la valeur et la notoriété de la station elle-même : presque partout le directeur est le maître absolu du choix des recherches qu'il veut entreprendre et la ratification de son plan d'études par le directoire, demeure une lettre morte : on comprend d'ailleurs qu'il n'en saurait être autrement. Un savant ne peut pas exécuter des

recherches sur commande, son initiative doit être respec-
tée ; en cela, comme en toute chose, la liberté seule est
féconde en grands résultats. Les associations, en inscrivant
dans leurs statuts le paragraphe auquel je fais allusion
n'ont en d'autre but que de se prémunir contre les inconvénients qui pourraient résulter du choix d'un mauvais
directeur de la station ; mais le cas, j'ai hâte de le dire, ne
s'est pas encore présenté, et partout le cadre des expériences à faire, des essais à tenter a été tracé par le directeur
seul. Il arrive tout au plus que la direction apporte parfois
quelques légères modifications au programme qui lui est soumis. Le directoire est d'ailleurs choisi parmi les membres
les plus distingués et les plus compétents de l'association.

Sans vouloir présenter les statuts de l'association Bavaroise comme applicables de tous points et sans modification aux associations analogues qui pourraient se fonder
en France, je crois cependant que ce document mérite
d'attirer la sérieuse attention des agriculteurs.

Rien n'empêcherait d'apporter à la rédaction qu'on vient
de lire, tels changements qu'on jugerait nécessaires ; mais,
le cadre me semble bon, et si les stations peuvent se multiplier dans notre pays, comme cela est à souhaiter, par
l'initiative privée et par l'association, les statuts de Munich me paraissent offrir un modèle excellent à suivre.
Ces statuts sont, je le répète, l'expression d'une expérience
de quinze années, et je les ai choisis à dessein pour cette
raison.

On vient de voir comment se crée une station agronomique et le but qu'elle se propose ; nous allons examiner
maintenant les moyens matériels indispensables à l'accomplissement de son programme.

CHAPITRE IV

I. Installation matérielle. — Laboratoires. — Observations météorologiques. — Serres — Champs d'essais — Appareil de Pettenkofer. — Étables d'expériences.

Les chapitres précédents consacrés à l'examen des causes qui ont amené en Allemagne la création des stations agronomiques, et l'exposé des moyens mis en œuvre pour leur fondation, joint à l'indication précise du but que se proposent ces établissements font suffisamment connaître, je l'espère, l'esprit de cette institution et les services que l'agriculture française peut attendre de son importation dans notre pays.

Le moment est venu d'entrer dans les détails d'installation d'une station, d'indiquer la constitution et le recrutement de son personnel ainsi que le budget nécessaire à son fonctionnement régulier.

Je n'ai point l'intention de décrire complètement ici les remarquables installations que j'ai visitées en Allemagne une semblable description doit être nécessairement accompagnée de nombreux plans et dessins ; elle m'entraînerait d'ailleurs trop loin ; on la trouvera dans le rapport au Ministre de l'agriculture sur ma mission en Allemagne que je termine en ce moment.

Ce qui importe, c'est de faire connaître aux agriculteurs désireux de s'associer pour fonder une station agronomique les dispositions matérielles de la station, la dépense qu'elles entraînent et les mesures à prendre, relativement au choix du personnel, pour assurer le succès de l'entreprise.

Comme j'ai déjà eu occasion de le dire, le champ de la chimie et de la physiologie appliquées à l'agriculture est si vaste que la plupart des savants placés à la tête des stations allemandes ont jugé nécessaire, dans l'intérêt même de l'œuvre qui leur est confiée, de restreindre leurs études à l'une des deux grandes divisions de la science agronomique.

C'est ainsi que, dans certaines stations, on s'occupe presque exclusivement de recherches relatives aux végétaux, tandis que dans d'autres les études sont particulièrement dirigées vers les questions de zootechnie, de chimie et de physiologie animales.

Il va de soi, que l'installation matérielle des stations présentera des différences notables suivant qu'on s'y adonnera à l'un ou l'autre de ces ordres de travaux.

Outre les laboratoires d'analyse communs à toutes les stations, l'installation propre à ces établissements comprendra des serres et des champs d'essai pour les stations où dominent les recherches de chimie agricole ; des étables physiologiques dans celles qui font des expériences sur les animaux le principal objet de leurs études.

Je vais successivement passer en revue ces diverses installations.

Laboratoires de chimie et de physiologie (1).

J'ai peu de chose à dire à ce sujet : je ne pourrais, sans entrer dans des détails que ne comporte pas cette notice, décrire la disposition intérieure et l'outillage de ces laboratoires. Une semblable énumération ne présenterait d'ailleurs qu'un très-médiocre intérêt pour mes lecteurs et serait sans utilité pour les organisateurs d'une station. En effet, les fondateurs des futures stations, le chimiste ou le physiologiste qui seront placés à la tête des établissements dont je réclame la création, sauront parfaitement donner le plan des laboratoires à construire, si c'est le cas, ou l'indication des modifications à apporter au local déjà bâti qu'on mettrait à leur disposition.

Je me bornerai donc à quelques indications générales, qui pourront servir de guides aux agriculteurs qui auraient à faire construire un laboratoire de recherches.

Partout le laboratoire devra se composer d'au moins deux pièces distinctes. L'une doit être exclusivement

---

(1) Je me propose de publier prochainement sous le titre de *Laboratoire de l'agriculteur*, un manuel destiné à servir de guide au cultivateur désireux de se rendre compte par lui-même de la composition sommaire du sol qu'il exploite, des engrais qu'il emploie et des produits qu'il récolte.

Conçu dans un esprit pratique, ce petit livre à la rédaction duquel je travaille depuis longtemps, contiendra la description d'appareils très-simples et peu coûteux dont chaque agriculteur devrait, pour son plus grand profit, apprendre à se servir.

3.

téorologiques (thermomètres, pluviomètres, atmidomè-
tres, psychromètres, etc.) (1).

En ce qui concerne la construction des fourneaux et
des tables, le choix et l'achat des instruments et des
produits, on devra s'en rapporter au directeur de la station.

Si j'avais à proposer le plan d'un laboratoire de recherches agronomiques, et que la nature de l'emplacement où
il devrait s'élever le permît, je m'arrêterais aux dispositions
principales indiquées dans la figure suivante :

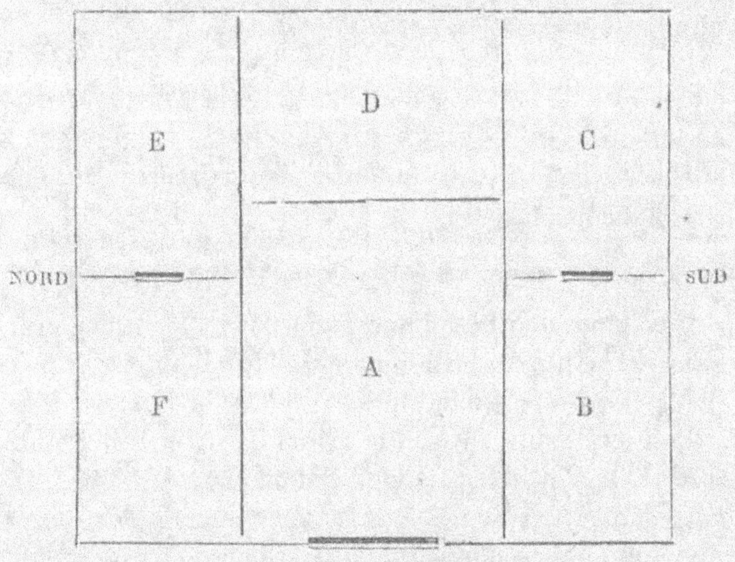

A. Laboratoire : 8 m. sur 5 m.
B. Cabinet du directeur et bibliothèque : 4 m. sur 4 m.
C. Chambre obscure ; 4 m. sur 4 m.

(1) Consulter sur les dispositions les meilleures à adopter pour
l'installation météorologique, l'excellente notice de M. Renou. (*Bul-
letin de la société météorologique,* année 1849.)

D. Cour : 8 m. sur 3.

E. Salle des balances et instruments de précision : 4^m. sur 4.

F. Salle d'analyses spéciales : 4 m. sur 4.

Cette disposition assurerait convenablement tous les services et répondrait aux exigences d'une bonne installation; mais il va sans dire qu'elle peut être modifiée sans qu'il en résulte d'inconvénient, et souvent même avec avantage, suivant la disposition du terrain ou du bâtiment à affecter au laboratoire. Je ne l'indique ici que pour mieux préciser les conditions qu'on doit avoir en vue dans l'organisation d'une station agronomique.

Deux annexes très-utiles, sinon indispensables, de tout laboratoire où l'on se propose de se livrer à des recherches de chimie et de physiologie végétales sont *la serre* et le *champ d'essai*. Je vais indiquer sommairement en quoi elles doivent consister.

Serre ou salle de végétation.

Il ne s'agit point ici d'une serre dans l'acception ordinaire du mot, mais bien d'un véritable laboratoire de physiologie végétale. Le but que se propose le directeur d'une station n'est point en effet le même que poursuit l'horticulteur. Il n'est pas question, comme pour ce dernier, d'élever et d'entretenir pendant toute l'année en bon état des végétaux plus ou moins rares, mais bien de placer un certain nombre de plantes dans des conditions de lumière et d'aération aussi semblables que possible à celles que rencontrent les plantes qui croissent dans les champs, tout en les mettant à l'abri d'accidents atmosphériques qui viendraient anéantir en quelques instants le travail de plusieurs mois.

Ces salles de végétation n'ont donc point besoin d'être chauffées, les végétaux ne devant y séjourner qu'aux époques et dans les conditions où se trouvent placées les plantes agricoles. Bien plus, la construction de ces sortes de serres doit rendre facile l'exposition en plein air des végétaux qu'elles renferment, chaque fois que le temps le permettra. Les meilleures installations que je connaisse sont celles de la station d'Hohenheim, effectuée par les soins du professeur E. Wolff et celle de Dahme, qu'a inspirée et dirigée le savant Hellriegel. Je vais décrire sommairement la serre d'Hohenheim, dont on trouvera les plans, coupes et élévation, avec détails d'exécution dans mon rapport au Ministre de l'agriculture.

La salle de végétation d'Hohenheim, dont la figure indique le plan et l'orientation, est située dans le terrain attenant au laboratoire de la station, à 30 mètres environ du bâtiment. Elle est isolée et l'accès en est ouvert de tous côtés à l'air et à la lumière.

Le sol de la serre est en contrebas du sol du jardin d'un mètre environ; il est pavé en pierres plates, et toutes les dispositions ont été prises pour empêcher les filtrations d'eau et prévenir les inconvénients résultant de l'humidité. Le soubassement dépasse le sol d'un pied environ. Ce soubassement est en pierre, tout le reste de la construction consiste en fer et verre.

La salle mesure à l'intérieur $3^m 95$ de long sur $5^m 25$ de large. Les côtés ouest et est, entièrement en verre et fer, ont $1^m 37$ de hauteur. Le faîte est situé à $1^m 00$ au-dessus de ces côtés, de sorte que la hauteur totale de la serre, du sol jusqu'au faîte de la toiture est de 3,5 mètres. Les côtés ouest et est ont chacun 6 fenêtres de $1^m 00$ de haut sur $0^m 54$ de largeur; la paroi sud est percée de deux ouvertures de 1 mètre 50 de haut sur $0^m 95$ de large qui peuvent être fermées par des portes vitrées. Du côté nord, entre les portes, se trouvent également deux fenêtres qu'on peut, à volonté, laisser ouvertes ou fermées.

A chacune des six fenêtres des côtés ouest et est correspond, dans la toiture, une ouverture de même largeur, mais plus longue; enfin, sur la paroi sud, entre les deux grandes ouvertures, se trouve également une petite fenêtre, de telle sorte qu'en y comprenant la porte d'entrée, cette serre ne compte pas moins de 32 ouvertures, rendant facile la ventilation de l'intérieur dans tous les sens.

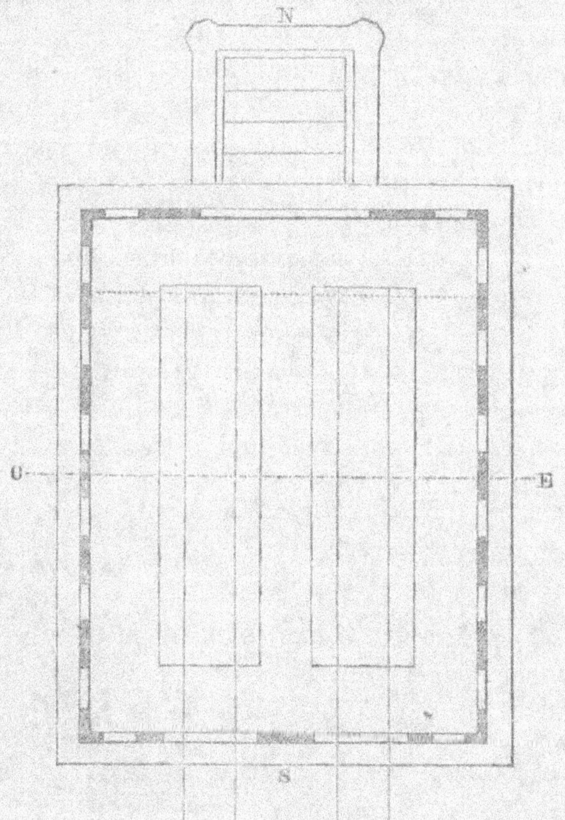

Fig. 1. — Plan de la salle de végétation de Hohenheim.

La figure 1 représente la serre en plan avec son orientation indiquée par les lettres N. S. O. E. La face Ouest regarde le laboratoire. Les parties teintées des faces correspondent aux fenêtres dormantes, les parties blanches sont la projection des fenêtres mobiles. Les deux rectangles situés dans l'intérieur sont les tables déstinées à porter les rails figurés par les quatre lignes qui font saillie au dehors de la face Sud.

M. Wolff, comme M. Hellriegel, pense qu'une ventilation aussi parfaite que celle que je viens de décrire ne suffit pas pour permettre une croissance normale et uniforme des végétaux. Il admet que l'air, la lumière et l'humidité atmosphérique ne peuvent exercer toute leur influence sur les végétaux que lorsque ceux-ci sont élevés en plein air. Aussi a-t-il installé un petit chemin de fer dont on voit dans la figure I les rails se prolonger hors de la serre; cette disposition permet de sortir à la fois toutes les plantes soumises à l'expérimentation, et de les rentrer en un instant pour les abriter contre un orage, un vent trop violent, une pluie trop abondante, etc. Voici comment est installé le chemin de fer :

Dans le milieu de la serre sont solidement établies deux tables en chêne d'un mètre de hauteur, dont le dessus mesure un mètre de large sur quatre mètres de long. Les rails sont fixées sur ces tables; les rails, comme je l'ai dit, se prolongent en traversant les deux grandes fenêtres de la paroi sud jusqu'à 3 mètres environ sur le sol qui entoure la serre. Entre les extrémités sud des tables et le mur se trouvent des rails mobiles se posant et s'enlevant avec la plus grande facilité. A leurs deux extrémités les rails sont légèrement retroussés de manière à arrêter les wagonnets. Ces wagonnets ont deux mètres de long sur un mètre de large : ce sont des caisses en chêne peu profondes, des sortes de plateaux munis d'un rebord de huit centimètres environ, d'un maniement très-facile, grâce à la mobilité de leurs roues

Ces plateaux roulants sont destinés à recevoir les plantes mises en expérience. A cet effet, ils portent chacun six caisses de 2 mètres de long sur $0^m 25$ de hauteur et autant de largeur. L'un des longs côtés de ces caisses est mobile et s'enlève à volonté. Ces caisses sont recouvertes d'une planche également mobile et percée chacune de cinq trous circulaires de $0^m 05$ de diamètre environ, destinés à emboîter exactement le col des flacons à large ouverture dans lesquels M. Wolff fait des essais de végétation. La contenance de ces flacons est de deux litres et demi. Il va sans dire que la disposition de ces caisses peut être modifiée suivant les recherches qu'on entreprend et qu'elles peuvent servir aussi bien à contenir et à transporter au dehors des pots renfermant de la terre ou tout autre vase qu'on substituerait aux flacons dont se sert M. Wolff.

Chacune de ces caisses pouvant porter 24 flacons, l'ensemble du système comporte 120 flacons ; cette disposition ingénieuse permet donc de manier à la fois 120 vases contenant autant d'essais de végétation différents, de porter instantanément toutes ces plantes en plein air et de les rentrer de même.

Aussi longtemps que l'état du ciel n'inspire pas d'inquiétude, les plantes mises en expérimentation demeurent nuit et jour exposées à l'air sur ces wagons. Les rails se prolongent assez loin en dehors de la serre pour que rien ne vienne s'opposer au libre accès de l'air, du vent, de la lumière et de la pluie sur ces végétaux. Les insterstices qui existent entre les vases sont remplis avec de la mousse, et, si cela est nécessaire, on l'arrose de temps à autre pour empêcher une trop grande élévation de température.

La construction de la salle de végétation d'Hohenheim a coûté en tout 5,000 francs se répartissant de la manière suivante :

Fer et verre.	3,000
Soubassement en pierre, fondations et terrassements.	1,000
Établissement du chemin de fer, des tables et accessoires.	1,000

Champ d'essais et cases de végétation.

Une serre ne suffit pas pour les recherches dont une station doit s'occuper. Un champ d'essais, situé dans le voisinage du laboratoire est indispensable.

Par un champ d'essais, je n'entends point parler d'un terrain de quelque étendue consacré aux études relatives à l'influence des engrais sur les rendements ou à des observations de ce genre. C'est le *champ d'expériences* dont il sera question dans le chapitre suivant qui doit remplir ce but.

Le champ d'essais annexé au laboratoire de la station est destiné à des recherches purement scientifiques, ayant trait soit à la physiologie, soit à la chimie végétale, et n'exigeant par suite qu'un emplacement restreint. Il est destiné à des recherches qui exigent des observations journalières, et qui ne pourraient, par conséquent, être suivies avec assez de régularité, si les végétaux sur lesquels on expérimente n'étaient placés sous la main du directeur de la station.

J'ai trouvé à Hohenheim une excellente installation pour des essais de culture en plein air dans des sols différents.

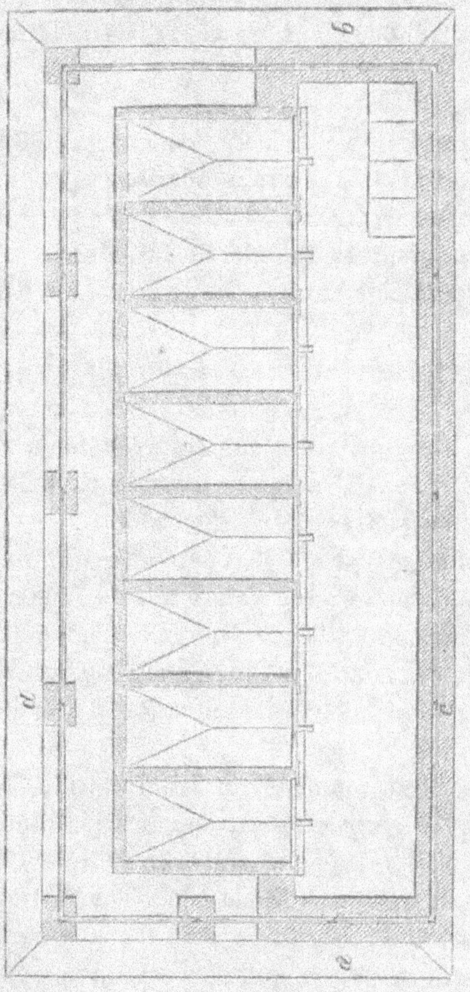

Fig. 2. — Case de végétation, plan.

Les figures 2, 3 et 4 fournissent tous les renseignements désirables pour la construction de ces cases de végétation. M. Wolff a fait établir non loin de la serre que je viens

Fig. 2. — Case de végétation. Coupe suivant A B (fig. 2.)

de décrire, un certain nombre de cases parfaitement étanches, creusées dans le sol et limitées par des murs imperméables. Ces cases dont le niveau supérieur vient affleurer le sol du jardin sont remplies de terre arable de composition et de nature physique différentes. La surface de chacune d'elles est égale à 1 mètre carré environ. En avant de ces cases, on a ménagé, d'un côté, une allée dans laquelle on descend par un escalier de six marches. La face de ces cubes qui regarde le passage est mobile de telle sorte qu'on peut, après l'avoir enlevée, faire tomber avec précaution une partie de la terre contenue dans l'une ou l'autre de ces cases, et étudier sur place la disposition des racines, la profondeur à laquelle elles descendent, etc. Un trou ménagé à la partie inférieure de chaque case permet de recueillir l'eau qui a filtré à travers la terre.

La figure 2 représente le plan de ces cases.

La figure 3 est une coupe longitudinale suivant A B. On y voit la disposition qui permet d'enlever facilement les portières des cases, afin de suivre la marche des racines dans le sol.

Fig. 4. — Case de végétation, coupe suivant c d (fig. 2).

Enfin, la figure 4, coupe verticale, suivant c d, indique la disposition intérieure des cases. A la partie inférieure la terre arable repose sur une même couche de sable placée elle-même sur un lit de gravier. Cette disposition a pour objet de laisser s'échapper l'eau qui a traversé la terre et qu'on vient recueillir en plaçant un vase au dessous de l'orifice ménagé à la partie inférieure de la case, comme l'indique la figure 2; le fond des cases est disposé de telle sorte que la totalité de l'eau puisse aisément s'écouler au dehors.

Le grillage représenté dans la figure 3 et qui entoure les huit cases n'a d'autre but que de fermer l'accès des cases aux animaux.

Les cases restent constamment à ciel ouvert.

On y peut conduire à la fois huit essais sur des sols différents et les expériences que permet cette disposition peuvent être variées au gré de l'expérimentateur. Les figures 2, 3 et 4 sont à l'échelle de 0^m02 pour mètre.

Je n'ai pas besoin d'insister sur les expériences aussi variées qu'instructives qu'il est possible de faire dans ces cases. On comprend aisément quels renseignements précieux on peut tirer d'essais faits à l'air libre dans un sol naturel ou artificiel de composition déterminée ; aussi, ne saurai-je trop appeler l'attention sur cette disposition aussi simple que bien entendue. Je dois communication de ces plans à M. Werner, directeur d'Hohenheim, je l'en remercie cordialement.

Détermination de la température du sol.

A côté de ces cases, M. Wolff a installé une série de thermomètres, destinés à donner à chaque instant la température du sol à diverses profondeurs. Les fig. 5 et 6 représentent cette installation et me dispenseront d'entrer en de long détails à leur sujet.

Les thermomètres plongent dans le sol à des profondeurs qui croissent de 25 centimètres. Les six thermomètres donnent dans les températures des couches suivantes à

Fig. 5. — Installation thermométrique, plan.

partir du niveau du sol; $0^m 25$; $0^m 50$, ainsi de suite jusqu'à $1^m 50$. Les thermomètres sont fixés à l'un des angles d'un morceau de bois de forme parrallélipipédique entrant lui-même à frottement dans une gaîne en bois, portant une échancrure en regard de la boule du thermomètre. Une poignée en fer, placée à la partie supérieure, rend facile le maniement de ces tubes en bois. Tout le système, comme l'indique la figure 6, est recouvert par une toiture en planche.

Voilà à peu près toutes les indications générales que doit remplir l'installation matérielle d'une station agronomique ayant pour but principal l'étude physiologique et chimique des phénomènes de la végétation (1). Au directeur de la station appartient le soin d'en fixer les détails; il sera guidé en cela par les convenances locales,

____

(1) Voir plus loin l'organisation des champs d'expériences.

par la nature spéciale des recherches qu'il se proposera
d'entreprendre, comme aussi par le budget qu'on mettra

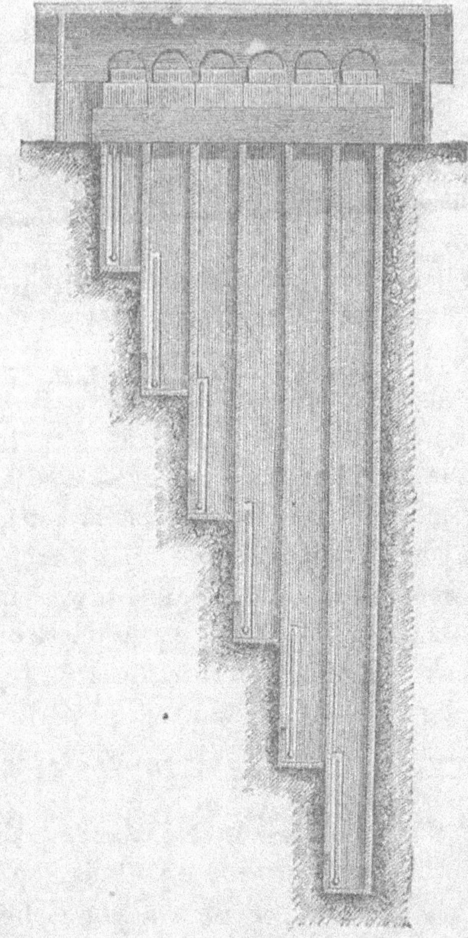

Fig. 6. — Installation thermométrique, coupe verticale suivant A B (fig. 5).

à sa disposition. La construction du laboratoire, l'achat
des instruments et produits, l'établissement de la serre,

les cases à végétation et les frais accessoires, conduites d'eau, de gaz (nécessairement variables d'un lieu à l'autre), s'élèvent en tout à une somme de 30,000 francs environ.

APPAREIL DE PETTENKOFER. — ÉTABLES D'EXPÉRIENCES.

Il me reste à parler des installations spéciales aux stations qui s'occupent de recherches de zootechnie et de physiologie animale.

C'est ici le lieu de faire connaître le magnifique appareil de M. Pettenkofer, dont la munificence du roi de Bavière et la générosité de la société agronomique de Celle (Hanovre) ont respectivement doté les laboratoires de Munich et de Weende où je l'ai vu fonctionner. Mais je veux, au préalable, indiquer l'importance des recherches que peuvent entreprendre les stations dotées de cet instrument précieux, et l'état de la question.

Parmi les problèmes dont la solution présente le plus d'intérêt pour la physiologie, et partant pour l'agriculture, l'étude des phénomènes chimiques de la nutrition occupe un rang très-important. Quelle est l'influence de l'alimentation sur l'élevage et sur l'engraissement du bétail? quelles transformations subissent dans le corps de l'animal les divers aliments qu'on lui donne? Voilà, sans contredit, deux des plus grosses questions que puisse se proposer de résoudre la chimie biologique. Les laboratoires physiologiques des stations agricoles de l'Allemagne ont été, depuis dix ans, le théâtre de recherches du plus haut intérêt sur ces intéressants sujets. Voit, Pettenkofer, Henneberg, Stohmann, Kühn Lehmann et beaucoup d'autres expérimentateurs très-distingués ont déjà résolu quelques parties importantes du problème si complexe de la nutrition, et de la formation de la graisse, de la fibrine, etc., chez les animaux.

Les aliments introduits dans le corps de l'être vivant y subissent des modifications dont l'effet est de rendre assimilable une partie de leurs principes, tandis que les autres matières non assimilables sont rejetées au dehors sous forme de fèces et d'urine. Les phénomènes respiratoires jouent dans ces transformations un rôle considérable, et l'analyse des gaz rejetés par les poumons a, dès longtemps, été regardée par les physiologistes comme l'une des données les plus importantes à enregistrer exactement.

Malgré les travaux que l'on doit sur cette partie de la science à MM. Regnault et Reiset, Bischoff et Voit, Plauer, Valentin et à d'autres encore, il régnait jusqu'à ces dernières années de grandes incertitudes sur les points fondamentaux de la question. La raison en est qu'avant la construction du grand appareil respiratoire de M. Pettenkofer que nous allons décrire tout à l'heure, les méthodes employées par les savants que je viens de nommer présentaient de graves imperfections. On peut, en effet, adresser à tous les procédés mis en usage jusqu'à ces dernières années pour l'étude de la respiration sur l'homme et sur les animaux, deux reproches capitaux. D'une part, les expériences ont toujours été faites dans des conditions anormales, c'est-à-dire autres que celles où se trouvent placés d'habitude les êtres qui ont servi à l'étude des phénomènes respiratoires; c'est, en effet, généralement dans des espaces confinés où l'air ne se renouvelait pas complétement, qu'ont été mis les animaux sur lesquels expérimentaient les prédécesseurs de MM. Pettenkofer et Voit.

En second lieu, circonstance non moins défavorable, aucune des méthodes employées ne présentait de moyens de contrôle. L'état de nos connaissances sur ce point réclamait donc, pour la solution complète du problème, un appareil dans lequel l'homme ou l'animal soumis à l'expérience pût séjourner pendant vingt-quatre heures et plus sans être incommodé : une chambre où ils pussent se promener, manger et dormir à l'aise, enfin vivre sans contrainte et dans les conditions habituelles. Il fallait aussi que l'air de cette pièce fût renouvelé convenablement, et que cet air analysé à son entrée et à sa sortie, fût mesuré exactement. On voit que dans ce cas le dosage de l'acide carbonique, de la vapeur d'eau et des autres produits gazeux exhalés par les poumons et par la peau s'obtiendra en prenant les différences des quantités de ces éléments existant dans l'air avant et après son passage dans l'appareil. Cette condition de l'analyse est très-favorable en ce qu'elle élimine les causes d'erreur dans le dosage de l'acide carbonique et de l'eau, puisque ces causes d'erreur, faibles d'ailleurs, portent également sur l'analyse des gaz à leur entrée et à leur sortie.

Tous ces avantages, l'appareil de M. Pettenkofer les présente : d'immenses travaux ont été accomplis à l'aide de cet appareil par M. Voit et par d'autres expérimentateurs.

Dans l'un de mes voyages en Allemagne, M. le professeur Henneberg, directeur de la station de Weende, a eu l'extrême obligeance de me rendre témoin d'une expérience faite sur deux moutons ; j'ai pu ainsi apprécier la perfection de la méthode, et j'espère pouvoir donner une idée claire de l'appareil et des procédés de dosage de l'acide carbonique, de l'eau, de l'hydrogène et du gaz des marais.

bien que le secours d'une figure me fasse ici défaut (1).

C'est une question importante, maintes fois débattue et restée pourtant sans solution positive, que de savoir dans quelles proportions et avec quelle rapidité doit être renouvelée l'atmosphère dans laquelle séjournent l'homme et les animaux pour qu'ils y puissent vivre commodément et sans éprouver de trouble dans leurs fonctions. Disons d'abord que la quantité d'air nécessaire à un homme varie, d'une manière générale, avec les dispositions physiques et le tempérament des individus. On a tiré, relativement au renouvellement de l'air, des quantités d'oxygène, d'acide carbonique et de vapeur d'eau contenus dans l'air confiné, des conclusions que notre expérience journalière et nos impressions individuelles démentent fréquemment. Tout ce qui est acquis sur ce point, c'est que pour que nous respirions à l'aise dans un espace confiné, il est nécessaire que l'atmosphère de cet espace contienne beaucoup plus d'oxygène que n'en consomme l'acte respiratoire, et beaucoup moins d'acide carbonique et de vapeur d'eau que n'en exhalent les poumons et la peau. Ce qui rend lourd et désagréable l'air d'une salle remplie d'hommes, ce qui agit sur notre système nerveux et produit cette gêne dont les effets varient depuis le simple mal de tête jusqu'à la syncope, ce n'est pas seulement la chaleur, l'état hygrométrique, l'acide carbonique ou le manque d'oxygène de l'air ; en effet, une semblable atmosphère nous paraît énervante et empoisonnée bien avant d'être saturée par la vapeur d'eau, d'avoir perdu une quantité notable de son oxigène, et de contenir plus de

(1) On trouvera dans mon rapport au ministre de l'agriculture la description détaillée et les planches représentant l'appareil.

1 p. 100 d'acide carbonique : l'air nous est d'autant plus désagréable qu'il a été inspiré et expiré un plus grand nombre de fois, parce qu'il est alors chargé d'émanations organiques rejetées par la peau et par les voies respiratoires. Il est à penser que plusieurs des vapeurs produites par l'organisme possèdent une très-faible tension, de telle sorte que l'air en est promptement saturé et, par cela même, rendu irrespirable.

Il est évident, d'après cela, que les expériences faites sur les animaux, dans une atmosphère non entièrement renouvelée, mais seulement modifiée par l'addition d'oxygène à plusieurs reprises, et l'absorption, par un procédé quelconque, de l'acide carbonique exhalé par ces animaux, ne présentent pas les garanties nécessaires d'exactitude. D'un autre côté, il n'est pas nécessaire que l'air soit renouvelé d'une manière indéfinie ; il doit l'être seulement dans certaines limites que M. Pettenkofer a cherché à établir empiriquement. Il a déterminé de quelle quantité l'acide carbonique produit par la respiration et par la perspiration cutanée doit surpasser, dans un appartement sensiblement bien aéré, le poids du même gaz existant dans l'air libre, avant que les émanations organiques qui accompagnent le rejet d'acide carbonique par la peau et les poumons agissent sur l'odorat d'une manière gênante. Il a trouvé que la proportion d'acide carbonique qui, dans l'air libre, est, comme on le sait, de $\frac{6}{1,000}$ environ, peut s'élever, sous l'influence de la respiration de l'homme, dans l'air confiné, à $\frac{1}{1,000}$, avant que cet air acquière une odeur désagréable. Ce n'est pas à cet excès d'acide carbonique, je l'ai dit plus haut, qu'il faut attribuer l'altération de l'air ; on peut seulement se servir de ce terme de comparaison pour déterminer combien de fois l'air contenu dans la chambre a été introduit dans les poumons et rejeté par eux. On peut, en effet, vivre très à l'aise dans une atmosphère contenant $\frac{1}{100}$ d'acide carbonique, à la condition que ce gaz soit obtenu par voie chimique. Le séjour dans un espace dont l'air contient $\frac{1}{100}$ de gaz carbonique provenant de la respiration et de la perspiration est, au contraire, presque insupportable. L'air le plus infect des prisons, des casernes, etc., en renferme très-rarement autant. Dans presque toutes les circonstances, le volume d'air nécessaire, par heure, à un homme s'élève à 60 mètres cubes. M. Pettenkofer a disposé son appareil de manière à introduire dans la chambre à expériences des quantités d'air qu'on peut faire varier de 15 à 75 mètres cubes par heure; ce dernier volume est suffisant pour les plus gros animaux qu'on puisse mettre en expérience.

J'arrive maintenant à la disposition de l'appareil que j'ai vu fonctionner à Weende.

La chambre destinée au séjour de l'homme ou des animaux est à peu près cubique; son volume est de $12^{m}7^{c}$; la surface du plancher est de $5^{m}452$. Le renouvellement de l'air se fait par un ventilateur établi de telle sorte, que le courant d'air résultant de ce renouvellement ne soit jamais désagréable pour l'individu placé dans la chambre. En effet, ce n'est que lorsque la vitesse, avec laquelle l'air pénètre dans un lieu, atteint 1 mètre par seconde que nous éprouvons quelque gêne par suite du courant. Or, quand M. Pettenkofer fait arriver 15 mètres cubes par heure, la vitesse de l'air entrant est seulement de 8 millimètres par seconde, et elle n'atteint que le chiffre de $0^{m}0208$ par seconde, quand le ventilateur envoie dans la chambre 75 mètres cubes à l'heure. On peut tenir aisément compte des changements de volume survenus dans la chambre par suite de la présence de l'homme ; en effet, les variations dues à la pression, à la température et à l'état hygrométrique sont mesurées à l'aide du baromètre, du thermomètre et du psychromètre ; de plus, l'eau est recueillie et pesée.

Il n'est pas si facile d'évaluer directement la quantité d'oxygène enlevée à un courant d'air par l'acte respiratoire ; mais les observations de MM. Regnault et Reiset, Vierordt, Hutchinson et autres, permettent de se faire, à ce sujet, des idées assez voisines de la verité. La plus grande partie de l'oxygène enlevée à l'air, en vingt-quatre heures, par la respiration, est rejetée sous forme d'acide carbonique et, comme un volume de ce dernier gaz est précisément égal au volume qu'occuperait, à l'état de liberté, l'oxygène qu'il contient, il en résulte qu'il n'y a pas de changement dans le volume de l'air, tant que l'oxygène de ce fluide ne sert qu'à la production d'acide carbonique. On sait, de plus, que le volume de l'air expiré est un peu plus faible que celui de l'air inspiré, parce qu'une partie de l'oxygène est employée à la formation de vapeur d'eau et d'autres combinaisons oxygénées.

Si l'on admet que le volume moyen de l'air introduit dans les poumons par l'inspiration est égal, chez l'homme adulte, à 5 litres par minute, soit 300 litres par heure, on trouve en s'appuyant, sur les nombreuses déterminations de MM. Brunner et Valentin, que la teneur moyenne en acide carbonique de l'air expiré est de 0 lit. 230 par minute, soit 13 lit. 8 par heure. En supposant que cet acide carbonique ne représente que les deux tiers de l'oxygène disparu et que le troisième tiers tout entier ait servi à la production d'eau et de composés oxygénés, il y aurait, par heure, une diminution dans le volume de l'air inspiré, par rapport à celui de l'air rejeté, qui ne dépasserait pas 6 lit. 9. Si le volume de l'air dans lequel un homme a respiré pendant une heure est seulement égal à 10 mètres cubes, l'erreur qu'on commettrait en ne tenant pas compte de cette diminution ne serait pas de 1/19 pour 100. Elle est donc tout à fait négligeable.

M. Pettenkofer, après avoir étudié à fond ces diverses questions, dont la connaissance préalable était de toute nécessité, a arrêté les dispositions suivantes pour son appareil. L'air est mesuré à $\frac{1}{1000}$ près de son volume à sa sortie, par un compteur à gaz construit avec le plus grand soin. Le ventilateur destiné à introduire, par appel, l'air nouveau dans la chambre est mû par une petite machine à vapeur ; des prises d'air, distribuées latéralement sur les parois de la chambre, permettent de recueillir, pour l'analyser à divers moments de l'expérience, telle quantité de gaz qu'on désire. L'acide carbonique est dosé par un procédé nouveau qui repose sur l'emploi d'une liqueur titrée de baryte ; ce mode de dosage donne, d'après M. Pettenkofer, des résultats qu'on ne saurait attendre de la meilleure balance et permet de reconnaître dans une liqueur la présence de $\frac{1}{800}$ d'acide carbonique.

La proportion de vapeur d'eau est évaluée à l'aide d'acide sulfurique placé dans des tubes de forme particulière que je ne puis décrire ici. On trouve la proportion d'hydrogène et de gaz des marais contenus dans l'air expiré, en déterminant l'excès, sur la quantité normale d'acide carbonique et d'eau fournis par le gaz, préalablement dépouillé de ces corps et conduit à travers un système de tubes remplis de mousse de platine et chauffés au rouge.

J'ajouterai que des dispositions très-bien entendues permettent de recueillir, sans en rien perdre, l'urine et les excréments des animaux soumis à l'expérience. On voit que, grâce à cet appareil, on peut aujourd'hui suivre de point en point les phénomènes de la nutrition chez les animaux, sans cesser de les faire vivre dans les conditions normales. On peut, d'une part, analyser tous les produits de la respiration et de la perspiration cutanée; de l'autre, recueillir la totalité des matières non assimilées et rejetées sous forme de fèces et d'urine. L'animal, pesé avant son entrée dans l'appareil et à sa sortie, reçoit une quantité pesée de fourrage ou de tout autre aliment; la disposition des mangeoires est telle, qu'aucune quantité des aliments ne peut être perdue ; on a donc réalisé toutes les conditions d'une expérimentation irréprochable.

On me pardonnera, je l'espère, cette description un peu longue et les digressions qui l'accompagnent en considérant l'importance du sujet.

La voie ouverte par les recherches scientifiques dont je viens de parler est des plus fécondes pour l'agriculture pratique, en ce qui concerne l'engraissement du bétail.

Malheureusement le prix élevé de l'appareil imaginé par M. Pettenkofer ne permet pas d'espérer que beaucoup d'établissements agronomiques seront d'ici à longtemps dotés de ces importants moyens d'étude (1).

Etables d'expériences.

La question de l'alimentation du bétail laisse encore bien des problèmes intéressants à résoudre; on peut arriver, avec une installation bien moins coûteuse que celle de Weende ou de Munich à des résultats d'une application immédiate à la pratique. Les étables d'expériences convenablement disposées peuvent

____

(1) L'appareil (installation comprise) coûte 12,000 francs environ.

rendre le plus grand service et permettre, jusqu'à un certain point, de se passer, pour l'étude d'un grand nombre de questions relatives au bétail, du dispendieux appareil que nous venons de décrire.

J'ai examiné avec soin les étables physiologiques des stations allemandes, et je vais faire connaître la disposition imaginée par M. le professeur Henneberg, directeur de la station de Weende, l'une des plus simples et des plus parfaites à la fois. Je dois à l'obligeance de M. G. Kühn, directeur de la station de Mœckern, qui possède une étable construite sur le modèle d'Henneberg, de pouvoir donner ici les plan, coupe et élévation de cette installation. Les indications que fournissent les fig. 7, 8 et 9, rapprochées des explications suivantes, rendront très-facile l'exécution de cette étable. Ces dessins étant à l'échelle je n'indiquerai que les principales dimensions dont la connaissance est nécessaire pour l'intelligence complète de la description de l'étable.

La mangeoire A fig. 6 et 7 reçoit, par une trémie, les aliments préalablement pesés. La surélévation du sol qu'on remarque en F permet d'aborder très-facilement l'orifice supérieur de la trémie. L'avantage principal de cette étable consiste dans les dispositions adoptées pour la récolte des excréments solides et liquides. En guise de litière, l'animal a sous lui une natte de paille recouverte d'une toile à voile imprégnée de goudron, la face inférieure de cette natte est recouverte de la même manière. L'urine ne peut pénétrer dans cette natte et vient s'écouler en B dans le canal qui la conduit au réservoir D. Ce dernier a une surface carrée de 0 m. 32 de côté sur une profondeur de 0 m. 56.

La caisse C est destinée à recevoir les matières solides. Les fig. 6 et 7 peuvent se passer de description. La fig. 8

représente une modification économique de la mangeoire, modification qui appartient à MM. Stohmann et G. Kühn.

On voit que de tous les éléments dont on peut tenir

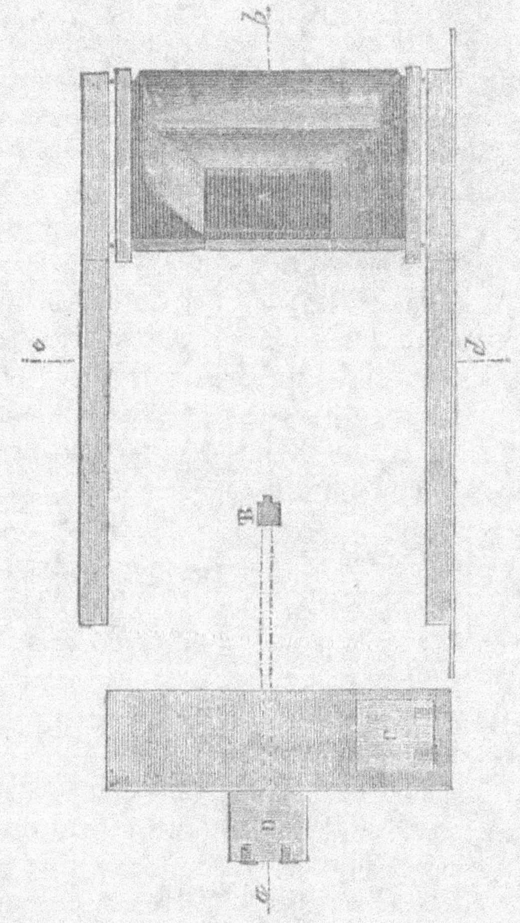

Fig. 7. — Étable d'expérimentation de Henneberg, plan.

compte dans l'appareil de Pettenkofer, un seul, important il est vrai pour la solution scientifique du problème de la nutrition, échappe à l'observation dans l'étable de

Henneberg; je veux parler des produits de la respiration et de la perspiration cutanée. Mais au point de vue de la solution pratique des problèmes qu'offrent l'alimentation

Fig. 8. — Étable d'expérimentation de Henneberg, coupe suivant A B (fig. 7).

et l'engraissement du bétail, l'étable de Henneberg permet d'obtenir des résultats suffisamment rigoureux.

On peut, en effet, se rendre compte exactement, dans

les expériences entreprises avec cette étable, des conditions suivantes :

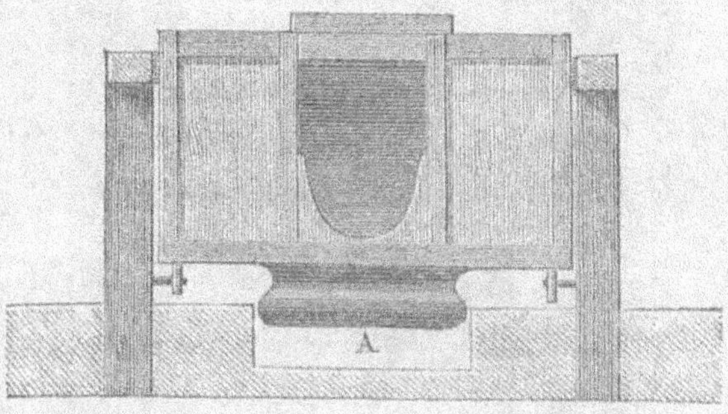

Fig. 9. — Étable d'expérimentation de Henneberg, coupe suivant *c d*.

1° Quantités d'aliments et de boisson consommés par l'animal dans un temps donné.

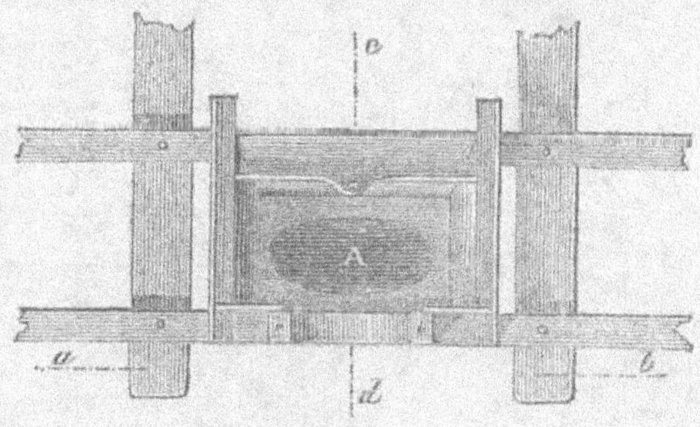

Fig. 10. — Mangeoire modifiée par G. Kühn (station de Mœckern).

2° Quantité et nature des excréments liquides et solides rejetés en 24 heures. Si l'on joint à ces données la pesée de l'animal avant et après chaque expérience qui, pour être concluante, doit durer un mois au moins, on est en

possession de tous les éléments nécessaires pour établir la
relation qui existe entre la quantité et la nature des aliments, et l'état d'engraissement de l'animal.

Fig. 11. — Mangeoire modifiée par G. Kühn (station de Mœckern).
Élévation sur A B (fig. 10).

Il importe de faire remarquer que l'on devra disposer
l'étable de manière à y installer deux stalles comme celle

Fig. 12. — Mangeoire modifiée par G. Kühn (station de Mœckern)
Élévation sur C D (fig. 10).

que je viens de décrire, car il est indispensable de soumettre à la fois au moins deux animaux aussi comparables
que possible entre eux, à la même série d'essais.

M. Henneberg à Weende, M. Stohmann à Halle, M. Kühn à Mœckern, et d'autres, ont déjà exécuté, à l'aide de cette étable, des recherches très-intéressantes.

Il est à désirer qu'il se crée en France quelques stations agronomiques spécialement consacrées à des recherches sur la nutrition des animaux de ferme; il n'est guère de sujet plus digne d'appeler l'attention des expérimentateurs, il n'en est pas qui, dans cet ordre d'idées, puissent conduire à des résultats pratiques plus importants.

II. — Du personnel des stations et son recrutement. — Le directeur. — Ses aides. — Budget d'une station normale.

Nous venons de passer en revue les différentes installations dont l'ensemble constitue une station agronomique. Il nous reste à examiner une question capitale au point de vue du succès de cette institution en France comme en Allemagne, je veux parler de la composition du personnel de la station et de son recrutement.

Quelques indications préalables sur le budget normal des stations doivent trouver place ici, la possibilité de recruter un personnel convenable étant étroitement liée aux ressources dont disposeront les stations. En me fondant sur ce qui se passe en Allemagne, et sur ce qu'une expérience déjà assez longue m'a appris des dépenses nécessitées par les recherches de laboratoires, j'estime qu'une station agronomique, pour remplir convenablement son programme et rendre tous les services que l'agriculture en peut attendre, doit disposer d'un budget annuel de 15,000 fr.; je laisse pour le moment de côté la question de savoir qui fournira ce budget; quelle sera la part des associations agricoles, des particuliers, des départements ou de l'État, j'y reviendrai plus loin. Ce qu'il m'importe d'établir ici, c'est que le budget normal d'une station ne saurait être inférieur au chiffre que je viens d'indiquer. Cette somme de 15,000 fr. se répartit de la manière suivante :

Traitement du directeur......................	6,000 fr.
Traitement du préparateur................	2,000
Traitement d'un aide-préparateur.........	1,200
Traitement d'un jardinier ou d'un chef d'étable....................................	1,000
Gages d'un homme de peine..............	600
Frais de laboratoire......................	4,200

15,000 fr.

Les détails suivants relatifs aux fonctions respectives des personnes attachées à la station et aux dépenses de l'établissement montrent qu'on ne saurait réduire d'une manière notable ce budget sans entraver complétement la marche de la station ou sans en dénaturer le but et les services.

J'ai toujours pensé qu'il vaut mieux ne pas entreprendre une œuvre, de quelque nature qu'elle soit, que de la faire sans avoir les moyens matériels de la mener à bien: je suis, en principe, l'ennemi des demi-mesures, surtout lorsqu'il s'agit d'institutions scientifiques. Les travaux d'un certain ordre ne peuvent aboutir qu'à la condition que ceux qui s'y adonnent soient en possession des res-

sources nécessaires pour les conduire à bonne fin. Deux
ou trois stations agronomiques en France, libéralement
dotées, placées sous la direction d'un homme compétent
et dévoué à la science, rendraient plus de service qu'un
grand nombre d'établissements analogues mal installés et
incomplétement pourvus sous le double rapport du personnel et du matériel.

Convaincu comme je le suis des services que les stations
allemandes rendent à l'agriculture, je voudrais importer,
d'une manière durable, cette institution dans notre pays.

C'est le désir d'atteindre complétement ce but qui me
pousse à prémunir les agriculteurs, nombreux déjà, que préoccupe la création de stations, contre les entraînements nui-
sibles à une œuvre dont personne plus que moi ne souhaite
le succès. C'est aussi, comme on le verra plus loin, sous
l'empire de cette pensée, qu'il ne faut entreprendre que ce
que l'on peut faire réussir, que je propose la création des
laboratoires agricoles. Cette institution sera sur beaucoup
de points, j'en ai l'espoir, un acheminement vers l'établissement d'une station ; mais, quoi qu'il arrive, elle aura
répondu à son programme moins complet, et par conséquent, plus facilement réalisable que celui des stations.
Elle tiendra ce qu'elle aura promis : c'est là le point es-
sentiel. Je n'aime pas les trompe l'œil, et je ne verrais pas
sans un vif regret s'organiser avec un personnel et un
matériel insuffisants des établissements qui n'auraient des
stations agronomiques que le nom et ne répondraient en
aucune façon au double rôle scientifique et pratique qui
est dévolu à ces dernières.

Après cette courte digression, revenons au personnel de
la station.

Du Directeur. — La pierre angulaire de la station, c'est l'homme placé à sa tête, le directeur. De lui et de lui seul dépend tout le succès de l'entreprise. La direction des stations exige des études préalables toutes spéciales, embrassant la chimie, la géologie, la physique dans certaines parties, et la physiologie végétale et animale.

Il va sans dire qu'à ces connaissances scientifiques, le directeur doit joindre de sérieuses notions d'agriculture proprement dite, et s'attacher tout particulièrement à l'étude des procédés et des méthodes en usage dans la région qu'il habite.

La partie administrative de ces fonctions se réduit à fort peu de choses, et c'est un savant dans l'acception vraie du mot qu'il convient de placer à la tête d'une station. L'établissement du haut enseignement agronomique dont les membres de la Société des agriculteurs de France ont été unanimes à demander la création, fournira lorsqu'il sera constitué une excellente école pour le recrutement des directeurs. De leur côté, les laboratoires du collége de France, de l'École normale et du Muséum, dirigés par les hommes éminents que tout le monde connaît, offrent dès à présent aux jeunes gens que leur vocation porte de ce côté, des moyens de travail et d'étude qu'on rencontre, en Allemagne, dans presque toutes les universités.

Je n'ai pas à parler ici de l'enseignement supérieur de l'agriculture ; je me bornerai à insister sur la nécessité absolue qu'il y a de confier la direction des stations agronomiques à des savants préparés par des études spéciales à cette mission ; et, non pas, comme on pourrait être tenté de le croire, soit au premier chimiste venu capable de faire une analyse de sol ou d'eau, soit à un agriculteur praticien

possédant des connaissances générales plus ou moins
étendues. Je ne saurais trop le répéter, la direction d'une
station est une fonction scientifique, exigeant des connaissances et des aptitudes spéciales.

On ne sera pas étonné d'après cela que j'assimile dans
le budget normal indiqué plus haut, le traitement du directeur à celui d'un professeur de faculté; sous le triple
rapport du savoir, des obligations à remplir et des services
à rendre, cette assimilation me paraît juste. Si l'on veut
d'ailleurs, comme je le réclame instamment, pouvoir
confier ces fonctions à des hommes distingués, il faut les
rétribuer convenablement.

J'ajouterai enfin que le directeur d'une station se trouve
dans l'obligation de se déplacer fréquemment, soit pour
visiter des exploitations rurales, soit pour surveiller l'exécution de ses prescriptions en ce qui concerne les champs
d'expériences; de là, résulte pour lui une certaine dépense dont il est juste de lui tenir compte. Enfin, il est à
désirer que la situation faite aux directeurs des stations
leur permette de temps à autre des voyages à l'étranger,
pour visiter les établissements agronomiques de l'Angleterre, de l'Allemagne, et se tenir au courant des progrès
de ces institutions.

Des Préparateurs. — Le choix des préparateurs sera
naturellement laissé au directeur. Celui-ci saura parfaitement y pourvoir, je n'ai donc que fort peu de chose à dire
à ce sujet. Quelques mots seulement relativement au traitement que je propose d'accorder aux aides du directeur.

Les jeunes gens attachés à titre de préparateurs, aux
chaires de nos facultés de province sont trop peu rétri-

bués (1), de là résultent deux choses également fâcheuses :
d'abord, on a grand peine à les recruter, ou tout au moins, on
ne peut, presque partout, confier ces fonctions qu'à de très-
jeunes gens sans expérience et sans connaissances suffisantes. Dans ce cas, et c'est le plus général, le préparateur
doit faire un stage de plusieurs années avant d'être à la
hauteur des fonctions qui lui sont confiées. En second
lieu, presque toujours après un séjour de quelques années
dans la faculté où il a été nommé, le préparateur quitte
le professeur qui l'a formé pour chercher une position
qui lui permette de vivre, ou pour continuer ses études
s'il a des ressources personnelles suffisantes. La conséquence forcée de ces résultats dus à l'exiguïté du traitement, est que le professeur a rarement un préparateur
qui puisse lui rendre les services qu'il serait en droit
d'en exiger si cet aide était mieux rétribué. — Je pense
donc que le traitement du préparateur ne saurait être inférieur à 2,000 fr. par an. Dans ces conditions, il sera
toujours possible de trouver un jeune homme intelligent,
bien préparé à ses fonctions, qui deviendra le plus souvent le collaborateur du directeur en attendant qu'il aille
à son tour diriger une station agronomique. Les aptitudes
et les qualités qui font le bon directeur, celui-ci devra,
à son tour, les exiger dans certaines limites, du préparateur qu'il associera à ses travaux.

L'aide préparateur recevra annuellement 1,200 fr. Malgré la modicité de ce traitement, le recrutement des aides
préparateurs ne présentera pas, je pense, de difficultés ;
en effet, à la possibilité de s'instruire et d'acquérir une
certaine habileté manuelle par l'exercice de ces fonctions

____

(1) Ils reçoivent 1,000 fr. seulement par an.

viendra s'ajouter la perspective pour l'aide préparateur de devenir un jour préparateur. La raison qui fait déserter le poste de préparateur dans nos facultés par ceux qui l'ont occupé durant deux ou trois années n'existant pas dans les stations où l'avancement sur place sera possible, on n'aura, je crois, que l'embarras du choix parmi les candidats qui se présenteront pour remplir les fonctions d'aide préparateur.

L'organisation que je propose me paraît devoir assurer convenablement le service de la direction et des travaux de la station.

Quant aux employés secondaires, tels que jardinier, bouvier et garçon de laboratoire, leurs fonctions sont suffisamment définies par leur titre même, et je n'ai rien à en dire. Je ferai remarquer seulement que les deux premiers devant, dans une certaine limite, concourir aux résultats des expériences entreprises par la station, les premières qualités qu'on devra exiger d'eux sont une exactitude scrupuleuse et un soin consciencieux à remplir les indications qui leur seront données par le directeur et ses aides.

Le chiffre de 4,200 fr., que j'ai fixé pour l'entretien du laboratoire (produits chimiques, gaz, appareils, etc.) et pour les frais d'expériences (plantes, frais de culture, fumier, engrais, etc.), serait en réalité insuffisant, la plupart du temps ; mais on remarquera que je n'ai pas fait entrer en ligne de compte le produit éventuel des analyses et expertises dont il sera question dans le chapitre suivant. Il y a lieu de penser que la somme provenant de cette source sera de quelque importance et viendra ainsi former un supplément de budget pour les frais de laboratoire.

En résumé, deux points essentiels doivent fixer l'attention lorsqu'il s'agira de la création et de l'organisation d'une station agronomique : 1° Choix du directeur; 2° Possibilité d'assurer à la station un revenu annuel de 15,000 fr. environ.

Si l'on compare à cette dépense l'influence considérable que peut exercer sur les progrès de l'agriculture en général, et sur la prospérité d'une région en particulier, une station établie dans les conditions exposées ci-dessus, on trouvera sans doute ce chiffre bien minime. Les agriculteurs de notre pays auront à cœur, je l'espère, de suivre l'exemple de nos voisins d'outre-Rhin ; ils s'associeront pour fonder sur des bases durables une institution si féconde en bons résultats pratiques, et le sacrifice qu'ils auront fait pour cela leur paraîtra bien léger, j'en suis certain, lorsqu'ils auront pu apprécier par eux-mêmes les services de toute nature qu'ils en recevront.

Aux associations agricoles qui reculeraient devant cette dépense, je donnerai le conseil de commencer par créer un de ces *laboratoires agricoles* dont j'indique plus loin l'organisation et le but, plutôt que d'édifier une station au rabais, si je puis ainsi dire.

Plus modestes dans leurs visées, mais non moins utiles par leurs travaux, ces laboratoires sont un excellent acheminement vers la création des stations.

Mais encore une fois, c'est moins la question d'argent que la question d'hommes qui doit nous préoccuper aujourd'hui. Il faut que l'enseignement supérieur de l'agriculture s'organise enfin dans notre pays. C'est là qu'est l'avenir de l'agriculture française. L'économie rurale doit avoir ses fondements dans la science, elle doit posséder ses établissements de haut enseignement. Honneur à ceux qui réussiront à doter notre patrie d'une grande école agronomique et qui mettront ainsi fin au règne de la routine et de l'empirisme en matière agricole.

CHAPITRE V

**Analyses d'eaux, de sols, d'engrais, de fourrages, etc...
pour le compte des agriculteurs.— Tarif de la station
agronomique de l'Est. — Contrôle des engrais commerciaux. — Contrôle des produits agricoles indus-
triels. — Création de champs d'expériences dans les
exploitations rurales. — Conseils aux agriculteurs.**

J'arrive à l'examen de la partie de la mission des
stations qui différencie complétement ces établissements des laboratoires privés, avec lesquels quelques
publicistes ont semblé vouloir les confondre. Personne
n'apprécie mieux que moi les services considérables rendus à la science agronomique par les savants, qui ont
institué comme M. Boussingault, M. Correnwinder,
M. Schlœsing, des stations privées ; mais la lecture de
ce chapitre montrera, je l'espère, les différences notables
qui existent entre Bechelbronn, Haubourdin et Boulogne et
les stations agronomiques, tels que les ont comprises nos
voisins d'outre-Rhin.

Comme l'indique le programme des travaux des stations (1), la mission de ces établissements ne se borne pas à l'étude des lois naturelles de la production végétale et animale. Par leurs rapports avec les agriculteurs de leur région, par la facilité qu'ils leur offrent de faire exécuter à peu de frais les analyses d'engrais, de sols, d'eaux et de fourrages, les directeurs des stations sont appelés à rendre à la pratique de très-réels services. Indiquer aux cultivateurs les améliorations qu'ils peuvent apporter dans leur exploitation, les guider dans le choix des engrais, des récoltes, des assolements en rapport avec le sol ; enfin, provoquer la création de champs d'expériences et en surveiller l'installation, tels sont encore autant de devoirs qui incombent au directeur d'une station et lui fourniront l'occasion de prêter un concours des plus utiles aux praticiens. Nous allons examiner sommairement chacune de ces obligations des directeurs des stations.

Analyse d'engrais, de sols, d'eaux, de fourrages, etc.

Il serait superflu d'insister sur les avantages que rencontre le consommateur dans la possibilité de faire soumettre à l'analyse les divers engrais, trop souvent falsifiés malheureusement, que le commerce livre à l'agriculture ; je ne m'y arrêterai pas ; j'indiquerai d'ailleurs plus loin à quel moyen on pourrait avoir recours avec l'aide des stations pour mettre fin, dans le plus grand nombre des cas, à la sophistication dont les engrais artificiels sont si fréquemment l'objet.

(1) Voir page 17.

L'utilité très-grande qu'il y a pour l'agriculteur à connaître la composition du sol qu'il cultive, sans être aussi évidente aux yeux de tous que la nécessité d'analyser les engrais, commence cependant à frapper bon nombre de cultivateurs; enfin, la détermination de la nature chimique des eaux et de la composition des aliments destinés au bétail, fournit à la pratique agricole des données dont on ne saurait nier l'importance. Entrer dans de longs développements sur ces divers points serait à coup sûr faire injure au bon sens de mes lecteurs, je me bornerai donc à indiquer les ressources que peut offrir, sous ces différents rapports, l'établissement de stations agronomiques et les conditions auxquelles les analyses doivent être faites.

Dans toutes les stations allemandes on fait, pour le compte des agriculteurs, des propriétaires et des négociants, des analyses de sols, d'eaux, d'engrais et de produits agricoles. Ces analyses sont exécutées suivant un tarif fixé par le directeur de la station, nulle part ces analyses ne se font gratuitement. Ce tarif doit, suivant moi, répondre à deux exigences principales; d'une part, les prix qu'il fixe doivent être rémunérateurs, c'est-à-dire suffisamment élevés pour couvrir toutes les dépenses qu'entraîne l'analyse, et même pour laisser un certain excédant; on a vu, en effet, que le produit des analyses doit être une source complémentaire du budget des stations; de l'autre, il faut que ces tarifs ne soient pas trop élevés. Si l'on pouvait justement leur adresser ce reproche, cela serait regrettable, car les stations transformeraient ainsi en une spéculation indigne d'elles et opposée à leur mission, les services qu'elles doivent rendre aux agriculteurs moyennant une indemnité légitime, si elle est modérée.

Généralement, en Allemagne, les membres de l'association qui a organisé la station ont droit à faire exécuter les analyses dont ils ont besoin au tiers ou à moitié du tarif. Les personnes étrangères à l'association sont seules tenues au payement intégral du prix porté au tarif.

Voici, comme exemple, le tarif que j'ai adopté pour la station de l'Est; il répond, je crois, à la double condition que je viens de rappeler.

Tarif de la station agronomique de l'Est, pour les analyses d'engrais, de sol et d'eaux (1).

I. Engrais.

1. POUDRE D'OS. — Dosage de l'eau, de la matière organique, du phosphate de chaux, de l'acide phosphorique, de l'azote et du sable.. . . 25 fr.

2. PHOSPHATE. — Dosage de l'eau, de l'acide phosphorique et du résidu insoluble. 15

3. SUPERPHOSPHATE. — Dosage de l'acide phosphorique soluble.. 5

De l'acide phosphorique insoluble. 5

De l'azote.. 5

4. GUANO DU PÉROU. — Dosage de l'eau, de la matière organique, du résidu de la calcination, du sable, de l'acide phosphorique et de l'azote. 25

____

(1) Pour les membres de la société centrale d'agriculture de la Meurthe, les analyses seront faites avec une réduction de 1/5e sur les prix portés au tarif.

IV. Sols, limons, cendres de végétaux.

Détermination de l'acide phosphorique, des
  alcalis, de l'azote, etc., par élément dosé. .   5
Analyse d'une marne.   20
Analyse complète d'une terre.   100
Analyse de cendres par élément.   5
Analyse complète d'une cendre..   50

V. Matières alimentaires.

Lait — Dosage du beurre, de l'eau de la
  caséine..   25
Beurre. — Détermination de la quantité de
  graisse.   15

Nota. Pour toutes les autres analyses, le directeur fera
connaître aux agriculteurs qui s'adresseront à lui, les
conditions auxquelles elles seront exécutées.

J'ai joint à ce tarif une note indiquant aux propriétaires et aux agriculteurs les précautions à prendre pour
le choix, l'expédition des échantillons destinés à l'analyse ; je crois inutile de la reproduire ici, et je n'en parle
que pour rappeler aux agriculteurs la nécessité qu'il y a
d'apporter le plus grand soin dans le choix de l'échantillon qui doit être soumis à l'analyse. Du mode suivi
dans la préparation de la *prise d'essai*, comme on l'appelle, dépend souvent toute la valeur pratique du résultat de l'analyse. Supposons qu'il s'agisse d'un engrais
artificiel composé de diverses substances chimiques dont les
unes seraient très-actives, comme du nitrate de potasse, par
exemple, tandis que les autres ne joueront qu'un rôle

mécanique, et serviront surtout à diviser la matière active
pour faciliter son épandage si l'échantillon envoyé au chimiste ne représente pas la composition moyenne de l'engrais, l'analyse, suivant que l'échantillon correspondra à
une partie plus ou moins riche en substance active, en
salpêtre, dans l'exemple que je choisis, donnera une idée
très-erronée de la valeur de l'engrais. Le fait est si évident
qu'il est tout à fait inutile d'y insister.

Du contrôle des engrais commerciaux.

Depuis que les engrais artificiels ont pris dans l'agriculture anglaise et allemande la place qu'ils occupent et qui
tend à devenir chaque jour plus importante, on s'est à juste
titre préoccupé des falsifications dont ces engrais sont l'objet. Comme on le sait, les engrais artificiels consistent en un
mélange de quelques principes fertilisants (peu nombreux
d'ailleurs), avec une plus ou moins grande quantité de
matières moins actives qu'eux ou, souvent même, absolument inertes. Ce qui importe à l'agriculteur, c'est donc de
connaître exactement le taux pour cent de substances utilisables par les plantes (acide phosphorique, azote, potasse, etc.) que contient l'engrais qu'il achète.

L'analyse chimique peut seule le renseigner à ce sujet.
La vente sur titre, c'est-à-dire, accompagnée de la déclaration par le fabricant de l'indication exacte, de la composition
de l'engrais livré par lui est, à mon avis, la seule combinaison
qui puisse offrir des garanties sérieuses à l'acheteur. Pour
fixer les idées, je suppose qu'il s'agisse d'un engrais dont la
valeur réside dans sa teneur en acide phosphorique, en
chaux et en azote. Si le fabricant, en livrant l'engrais, disait

au cultivateur : « Je vous garantis que la matière fertilisante que je vous vends contient tant d'acide phosphorique, tant de chaux et tant d'azote par cent kilos, et le prix de mon engrais est établi sur le prix du kilogr. d'azote, d'acide phosphorique et de chaux; si, en même temps le contrôle était facile et n'entraînait aucun frais pour l'acheteur, ce dernier trouverait toutes les garanties désirables et ne serait pas exposé aux mécomptes onéreux qu'il rencontre si fréquemment aujourd'hui dans l'emploi des engrais artificiels. Eh bien, les stations ont réalisé, sur certains points de l'Allemagne, ce progrès considérable dans le commerce des engrais; voici comment :

Les fabricants honnêtes, dont l'intérêt et la volonté doivent s'accorder à livrer un produit loyalement fabriqué, traitent avec une station pour le contrôle de toute leur fabrication de l'année, à des conditions librement débattues entre eux et le directeur de la station. A partir de ce moment, le directeur devient, vis-à-vis du public, le garant du fabricant ; le contrat s'effectue de la manière suivante : lorsque le fabricant a préparé une certaine quantité d'engrais, le chimiste se rend à l'usine, à l'improviste, il prélève, comme il l'entend, telle quantité d'engrais qu'il juge nécessaire, fait plomber en sa présence les sacs destinés à la vente, analyse l'engrais et en publie la composition. C'est à M. Stohmann, directeur de la station de Halle, qu'est due cette excellente mesure. Une autre garantie est encore offerte aux clients des fabriques d'engrais contrôlées par les stations. Ces derniers ont droit, en justifiant de l'origine de l'engrais, de le faire analyser gratis au laboratoire de la station chargée du contrôle de l'usine.

Rien ne serait plus facile que d'étendre à toutes les fabriques importantes d'engrais artificiels des mesures analogues qui ne gênent en aucune façon le fabricant honnête et qui sont pour le public une garantie précieuse de la pureté des produits qu'il achète. Indiquer cette combinaison à la fois si simple et si sûre, c'est en montrer toute l'utilité; de plus longs développements seraient superflus.

Il n'est pas de meilleur moyen d'arriver promptement à rendre loyal le commerce des engrais artificiels; il est évident en effet que les fabricants qui n'iraient pas au-devant des stations ou qui, sur la demande de leurs clients refuseraient de se soumettre à ce contrôle, feraient ainsi un aveu implicite des fraudes qu'ils se disposeraient à commettre. L'établissement du contrôle, organisé comme je viens de le dire, fournirait les moyens certains de distinguer du premier coup les fabricants honnêtes de ceux, trop nombreux encore, qui ne le sont pas.

Le contrôle établi sur les bases que je viens d'indiquer moraliserait en peu de temps le commerce des engrais qui en a grand besoin.

Voici quelques chiffres extraits du rapport annuel de M. Stohmann sur le contrôle effectué par la seule station de Halle, qui montrent mieux que tous les raisonnements l'importance du service rendu à l'agriculture par ce système de contrôle dont tout l'honneur doit lui revenir.

Quantité d'engrais soumis au contrôle de la station de Halle en 1867.

	Quintaux
Guano du Pérou.	40,814
Guano soluble de la fabrique d'Ohlendorff. .	100,883
Superphosphate.	30,478
Superphosphate additionné de sels ammoniacaux.	25,629
Poudre d'os.	3,360
Poudre d'os traités par l'acide sulfurique. .	1,771
Salpêtres du Chili.	15,403
Sels de potasse.	24,850
	————
Total	242,879

Ces 242,879 quintaux représentent une valeur, en numéraire, de 3,362,041 francs. Ces chiffres parlent assez haut et peuvent se passer de commentaires. Je veux cependant faire à leur sujet une remarque qui a pour objet de mettre en évidence le côté économique de la question.

Les 242,879 quintaux d'engrais consommés dans le rayon d'action de la station de Halle ont été analysés dans cet établissement ; ils ont par conséquent été payés par l'agriculture sur le taux réel de matières utilisables qu'ils contenaient.

Il est démontré, par les analyses exécutées mensuellement dans le laboratoire de M. Stohmann, pendant l'année 1867, que les richesses en azote, en acide phosphorique et chaux de ces divers engrais varie assez sensiblement d'une fois à l'autre, par suite de circonstances indépendantes de la volonté du fabricant et dues à la composition variable des matières premières employées.

On est d'après cela conduit à admettre, en écartant toute accusation de fraude relativement à la déclaration des vendeurs, que si cette masse d'engrais n'avait pas été soumise à l'analyse, les acheteurs auraient eu à payer une somme plus forte que celle fixée par le titre de l'engrais. Admettons, pour un instant, que cette différence entre le prix réel de vente de ces 242,879 quintaux et celui qu'ils auraient atteint sans le contrôle, soit seulement égale à 1/2 pour °/₀, et ce n'est certes pas beaucoup, nous reconnaîtrons tout de suite que le contrôle a économisé aux agriculteurs une somme de 16,810 francs, pour la seule année 1867, et pour la station de Halle. Cette somme excède de 2,000 fr. environ le budget total que j'ai assigné à une station, de telle sorte que, à supposer que la station de Halle, ce qui est loin d'être, n'ait rendu, en 1867, d'autres services à l'agriculture de la région que de contrôler les engrais fabriqués dans son ressort, elle eût encore économisé aux agriculteurs une somme supérieure à la dépense totale nécessaire à son entretien. Cet argument me paraît de nature à frapper les personnes qui envisagent de préférence dans une question le point de vue pratique et matériel. J'appelle de tous mes vœux l'organisation du contrôle des engrais sur les bases posées par M. Stohmann, et je m'efforce dès à présent, en ce qui me concerne, de l'importer dans le ressort de la station de l'Est. C'est le seul moyen de moraliser le commerce des engrais.

Du contrôle des produits agricoles livrés à l'industrie.

En étudiant l'organisation du contrôle des engrais institué par M. le professeur Stohmann, j'ai souvent réfléchi à la possibilité, pour les stations, d'établir quelque chose d'analogue en ce qui concerne les produits agricoles destinés à l'industrie. Je n'ai encore à ce sujet aucune idée définitive, mais je crois cependant devoir appeler l'attention de mes lecteurs sur l'examen de cette question. Parmi les végétaux de la grande culture, il en est un certain nombre qui passent directement de la ferme à l'usine et dont toute la valeur réside dans leur richesse en une substance unique. La betterave à sucre, le colza, le pavot, les graines oléagineuses en général, la pomme de terre destinée aux féculeries, sont dans ce cas. De la teneur de ces produits en huile, en sucre, en fécule, dépend leur valeur commerciale. Ne serait-il pas possible, — je ne fais on le voit, que poser la question, — de substituer la vente et l'achat au titre à la vente aux mille kilogrammes sans indication de la teneur de ces diverses substances en principes directement utilisables ?

Qui ne connaît les grandes variations que peuvent offrir sous le rapport de leur richesse en huile ou en sucre, les colzas et les betteraves récoltés dans des terrains différents, dans des années plus ou moins sèches, et quelquefois dans le même sol, sous l'influence d'engrais divers ?

Si l'on arrivait à appliquer, avec le concours des stations, à ces produits si importants pour l'agriculture française, le système de contrôle adopté à Halle pour les engrais, il en résulterait, à mon sens, deux avantages capitaux. Premièrement, le cultivateur recevrait de ses denrées un prix basé sur leur valeur réelle, tandis que de son côté l'industriel trouverait dans ce contrôle une base certaine pour ses opérations; en second lieu, et ce serait là surtout le grand profit que l'agriculture retirerait de cette combinaison, le cultivateur aurait un intérêt direct évident à rechercher les moyens d'améliorer le rendement de ses terres dans le sens de la production de la matière que l'industrie lui demande; il chercherait dès lors, non-seulement à produire beaucoup de betteraves ou de colza, par exemple, mais surtout à produire des betteraves et du colza riches en sucre et en huile. Je ne sais si je me trompe, mais il me semble qu'il y a là beaucoup à faire. Je me bornerai à cette indication préalable que j'ai cru utile de ne pas passer sous silence.

Il me reste à examiner l'influence que doivent avoir les stations sur la création et la propagation des champs d'expériences, dans les exploitations rurales. Je considère cette partie de leur mission comme l'une des plus utiles.

Création de champs d'expériences dans les exploitations rurales.

L'assentiment que j'ai rencontré dans la dernière session de la société des agriculteurs de France lorsque, cherchant à établir l'utilité de la création de nombreux champs d'expériences, j'ai exprimé sans réserve mon opinion sur l'absence du sens expérimental chez la plupart des agriculteurs français, m'a prouvé que je suis dans le vrai.

Qui n'a été frappé, comme moi, du peu de précision et

tirer ensuite un enseignement utile des résultats obtenus.
Or, rien, pas même l'observation intelligente, conscien-
cieuse et longtemps prolongée ne saurait remplacer l'expérimentation directe. Cette dernière qui, loin d'exclure
l'observation, n'en est que le guide ou le corollaire, peut
seule conduire à l'interprétation vraie des résultats obtenus de telle ou telle pratique; seule elle nous guide d'une
façon sûre dans les améliorations à apporter à notre exploitation; seule elle peut nous enseigner les causes de
nos succès et de nos revers.

Je ne connais pas de meilleure voie à suivre pour apprendre à nos cultivateurs à expérimenter et, ce qui revient au même, à se rendre compte de ce qu'ils font, que
de les engager à créer des champs d'expériences.

Entendue dans le sens que je viens de dire, l'idée des
champs d'expériences n'est pas nouvelle ; Mathieu de Dom
basle et après lui le comte de Gasparin en ont préconisé
l'importance. Il y a longtemps déjà, ces illustres agronomes les indiquaient comme une annexe indispensable de
toute exploitation rurale bien entendue. Je sais que des
réclames bruyantes ont jeté sur les champs d'expérience un
discrédit réel dans quelques bons esprits; mais l'abus d'une
chose ne doit jamais en faire condamner l'usage.

Il ne s'agit point ici de conseiller aux agriculteurs d'es-
sayer des panacées propres à donner instantanément la
fécondité aux terres stériles et à quadrupler, comme par
enchantement, les rendements des sols les plus médiocres.
Les routes de la science sont plus sûres mais plus lentes.
Si le problème de la production végétale était aussi facile
à résoudre qu'on le prétend parfois, la création de stations
agronomiques serait tout à fait inutile. Le but de cette
institution n'est autre, en effet, que l'étude des questions

si nombreuses encore qui se dressent devant l'observateur consciencieux et par dessus lesquelles passent, sans paraître même soupçonner qu'elles existent, quelques esprits trop prompts à se prononcer.

L'homme se laisse d'autant mieux surprendre par les affirmations que celles-ci sont plus tranchantes; la modestie du savant véritable, la réserve qui accompagne ses assertions les plus nettes, inspirent aux masses bien moins de confiance que l'outrecuidance du premier venu célébrant à grand renfort de réclames la valeur de ses poudres merveilleuses.

Que d'applications à faire de cette malheureuse disposition de l'esprit public, non-seulement à l'agriculture, mais à presque toutes les branches des connaissances humaines ! Et sans sortir de notre domaine, que d'exemples à invoquer à l'appui de ce que j'avance ! Mais je reviens à la question dont ne m'accuseront pas d'ailleurs de m'être écarté, par cette digression, ceux de mes lecteurs qui ont suivi le mouvement agricole français depuis une dizaine d'années.

Les directeurs des stations agronomiques, en ce qui concerne les champs d'expériences, doivent s'efforcer d'atteindre un double but : premièrement, provoquer la création de champs d'expériences sur des bases uniformes, en vue de l'étude de questions relatives aux engrais, à leur mode d'action, à l'influence des divers procédés de culture; deuxièmement, aider de leurs conseils et de leurs avis les agriculteurs désireux d'établir dans leur exploitation des champs consacrés à des essais individuels portant sur telle ou telle plante, sur tel ou tel engrais.

Quelques explications feront saisir l'importance de cette double mission et la manière dont elle doit être comprise par ceux qui l'acceptent, pour porter tous ses fruits. Je commence par les champs d'expériences à établir *sur des bases déterminées* pour toute une région agricole.

D'où vient que les essais si nombreux effectués par les praticiens n'ont pas encore conduit à des résultats définitifs sur la culture des végétaux qui en ont été l'objet ?

Quelle peut être l'utilité des champs d'expériences, après tous les essais déjà tentés en grand par les agriculteurs ?

Telles sont les deux questions préalables auxquelles je vais chercher à répondre aussi précisément que possible.

A moins d'admettre, pour expliquer la production des végétaux, l'intervention du hasard, ce qui est, de tous points, contraire à l'esprit scientifique, on est obligé de reconnaître que la vie des plantes est soumise à des lois naturelles aussi positives, aussi immuables, et non moins rigoureuses que les lois qui régissent tous les phénomènes dont la matière inorganique est le siége ou le point de départ. Seulement, chez les plantes comme chez les animaux, la difficulté que nous rencontrons dans l'étude de ces lois tient à l'impossibilité où nous nous trouvons la plupart du temps de placer l'être soumis à nos investigations dans des conditions exactement déterminées et dépendant uniquement de la volonté de l'expérimentateur.

Or, si les recherches de physiologie végétale, entreprises par des hommes habiles dans l'art expérimental, exigent une grande habitude et beaucoup de sagacité pour conduire leurs auteurs à des résultats concluants, comment s'étonner qu'on ne puisse tirer aucun enseignement d'essais faits presque toujours sans point de départ bien établi, sans méthode et sans but déterminés à l'avance par des hommes qui ignorent d'ordinaire les principes mêmes des sciences sur lesquelles reposent les connaissances agronomiques ? Si j'ajoute que, la plupart du temps, on fait varier à la fois, dans deux essais de culture successifs, toutes les conditions du problème, nature de la plante, nature du sol et nature des engrais, j'aurai fait pressentir, suffisamment je crois, pourquoi les innombrables expériences faites en agriculture depuis l'origine des temps, n'ont abouti à mettre en lumière qu'un nombre restreint de faits incontestables.

Le but vers lequel doivent tendre aujourd'hui tous nos efforts est précisément la détermination exacte des conditions les plus favorables (j'entends celles qui dépendent de nous) à la culture du froment, de la betterave, de la pomme de terre, de toutes les récoltes enfin.

Ce qui fait que la pratique isolée de la science nous a appris bien peu de chose, relativement à ce que nous ignorons, c'est que le praticien ne se rend pas un compte exact des conditions de ses cultures, et se trouve, par suite, dans l'impossibilité d'assigner à ses succès ou à ses revers une cause précise. La création et la propagation de champs d'expériences, établis suivant les règles générales que je vais indiquer, ferait entrer largement l'agriculture dans la voie expérimentale, la seule féconde en enseignements positifs.

Pour permettre d'atteindre le but que je leur assigne, les essais faits dans les champs d'expériences doivent répondre aux conditions fondamentales suivantes :

1º Etre entrepris simultanément dans le plus grand nombre de points possibles.

2º Dans des sols différents.

3º Avec les mêmes matières fertilisantes, employées en mêmes quantités et sur des surfaces de terrains égales.

4º Avec les mêmes espèces, races ou variétés de plantes

Il est à peine nécessaire de faire ressortir l'importance qu'il y a à se conformer à ces règles adoptées par tous ceux qui savent expérimenter ; leur stricte observation peut seule rendre les résultats comparables entre eux et permettre d'en tirer des conclusions utiles pour la pratique.

J'ajouterai que la fumure, dans ces essais, doit être calculée pour une rotation de trois ou quatre années, les circonstances climatériques pouvant s'opposer à ce que son effet se fasse sentir dès la première année.

Je n'ai pas à indiquer ici le choix des engrais et des récoltes à mettre en expérience, je veux insister seulement sur l'utilité extrême qu'il y a à multiplier sur le plus grand nombre possible de points, dans les sols les plus différents, et en ne faisant varier qu'une des conditions du problème à la fois, des essais absolument identiques, en ce qui concerne les conditions dont nous sommes les maîtres, à savoir :

Nature du végétal expérimenté.
Nature et quantité de l'engrais.
Profondeur de la culture.
Distance des lignes ou des pieds.
Quantité de semence à l'hectare, etc.

Les causes extérieures à l'homme et sur lesquelles il ne peut avoir aucune action sont déjà assez nombreuses pour qu'il soit indispensable de s'astreindre à rendre de tous points comparables les conditions de culture dont nous disposons et que je viens de rappeler.

A ce propos, je ferai remarquer l'avantage qu'il y aurait à charger les directeurs des stations de l'achat ou, tout au moins, du contrôle des engrais artificiels destinés à ces essais afin d'assurer l'identité des matières employées dans les divers champs.

Il va sans dire que toutes les récoltes de ces champs d'expériences devront être soigneusement pesées.

Le directeur de chaque station serait chargé de centraliser les résultats obtenus dans la région, de les discuter et de les porter à la connaissance des agriculteurs (1).

En ce qui concerne les dimensions à donner aux champs d'expériences, j'estime que chaque essai (c'est-à-dire pour chaque plante et pour chaque sorte d'engrais) devrait être fait sur dix ares. Une surface plus petite rend les résultats souvent douteux, une surface plus grande exposerait la plupart du temps l'agriculteur qui entreprendrait des expériences sur une série de plantes et d'engrais différents, à ne pas donner à ces végétaux un sol identique dans toutes ses parties, ce qui nuirait à la comparaison des résultats.

Il va sans dire que *toujours* le fumier de ferme à diverses doses devra être expérimenté, comparativement avec les engrais artificiels et que l'on aurait soin également de laisser, comme témoin, sans aucune fumure ni amendement dans chaque essai une parcelle d'une superficie égale à celle des parcelles additionnée des engrais à l'étude.

En résumé, faire cultiver les mêmes végétaux, dans la même année, dans des sols différents et avec addition à la terre de quantités égales d'engrais de composition iden-

---

(1) Le tableau placé à la fin de cette notice, présente un modèle destiné à faciliter ce travail ; c'est une réduction du tableau que je délivre, en double, aux agriculteurs qui m'en font la demande. L'un des exemplaires remplis après les récoltes m'est retourné par le propriétaire du champ.

tique, tel est le programme à remplir dans l'organisation de ces champs.

Nul doute, pour moi, qu'une période de dix ou quinze ans d'essais conduits avec soin conformément à ces prescriptions aboutisse à des résultats du plus haut intérêt pour la grande culture.

Si, comme je l'espère, on compte bientôt en France, plusieurs stations agronomiques, les directeurs de ces établissements, d'un commun accord, devront s'entendre pour fixer un programme d'expérience à suivre simultanément dans le ressort des diverses stations. Plus il y aura d'unité dans la direction de ces champs d'expériences plus les résultats obtenus acquerront d'importance (1).

J'ai dit plus haut que le directeur de la station devait aider de ses conseils les agriculteurs qui, n'ayant pas le désir ou les moyens de créer un champ d'expérience complet, voudraient tenter des essais spéciaux relatifs à une plante ou a un engrais déterminés. Quelques développements sur ce point ne seront pas déplacés ici. Non-seulement la station devra toujours s'empresser de diriger les cultivateurs de la région dans cette voie, mais je considère comme une obligation pour le directeur de provoquer, autant qu'il sera en lui, ces essais individuels.

Rien ne serait plus propre à faire pénétrer dans l'esprit de nos cultivateurs les principes de ces méthodes expérimentales que de les encourager, par tous les moyens possibles, à avoir sur une *échelle aussi petite qu'ils le voudront,* un champ d'essais dans leur exploitation. Sans doute, l'a-

---

(1) Voir plus haut. Le concours que les directeurs des laboratoires agricoles pourraient prêter en ce qui concerne les champs d'expériences aux directeurs des stations.

griculture française ne peut tirer aucun enseignement
d'expériences toutes locales, faites dans des proportions
très-restreintes, mais la multiplication de ces champs d'essais aurait pour conséquence nécessaire d'apprendre à nos
cultivateurs à expérimenter, de leur donner le sentiment
de la précision dans leurs travaux, et, en dernière analyse,
de leur montrer l'avantage qu'il y a à se rendre compte de
ce qu'on fait.

M. Liebig m'apprend par une lettre toute récente, que la
société d'agriculture bavaroise décerne chaque année des
primes aux petits cultivateurs qui ont apporté le plus de
soin dans les essais du genre de ceux que j'indique. Je re-
commande cette excellente mesure à nos sociétés et comices
agricoles avec la persuasion qu'ils pourraient rendre par là
un réel service dans leur sphère d'action.

Ce qui précède suffit, je crois, à démontrer l'utilité des
champs d'expériences envisagés sur le double point de vue
des intérêts généraux de la science agricole et de l'instruction individuelle des cultivateurs, je n'insisterai pas davantage.

Les directeurs des stations devraient enfin se mettre à la
disposition des agriculteurs de leur région pour leur donner des avis, des conseils et des renseignements sur toutes
les questions de leur compétence. Il n'y a pas lieu de rien
préciser à ce sujet, et il faut s'en remettre là-dessus au dé-
vouement et à l'intelligence des hommes éclairés auxquels
sera confiée l'importante mission de diriger ces utiles établissements.

CHAPITRE VI

DU RÔLE DES STATIONS AU POINT DE VUE DE L'ENSEIGNEMENT AGRICOLE. — COURS PUBLICS. — CONFÉRENCES. — ÉLÈVES ADMIS DANS LES LABORATOIRES. — PUBLICATIONS. — RÉUNION ANNUELLE DES DIRECTEURS DES STATIONS ALLEMANDES.

Nous avons successivement passé en revue, dans les chapitres précédents l'organisation des stations agronomiques et le programme de leurs études. Après avoir indiqué le but de cette institution, j'ai cherché à mettre, de mon mieux, en relief les services qu'elle est appelée à rendre à l'agriculture; il me reste à appeler l'attention de mes lecteurs sur la dernière partie de la mission confiée aux directeurs de ces établissements, je veux parler de leur rôle dans l'enseignement agricole.

Les recherches de laboratoire, les expériences dans les champs d'essais, les analyses de sols, d'engrais et de récoltes, enfin les conseils donnés aux agriculteurs forment, sans contredit, la base essentielle des occupations des directeurs des stations et de leurs aides.

C'est à ces divers travaux que ceux-ci doivent consacrer

la plus grande partie de leur temps, mais on a vu plus haut qu'ils sont tenus de propager autour d'eux, par l'enseignement oral, et par des publications régulières, les connaissances acquises dans le laboratoire et dans le champ d'expériences.

Je considère cette partie de leur mission comme des plus utiles et je crois nécessaire de donner à ce sujet quelques explications.

Je commence par l'enseignement oral :

Celui-ci peut comprendre, suivant le lieu et les conditions dans lesquels est institué la station, un cours régulier au siége de la station et des conférences dans différents centres agricoles de la région.

Il faut remarquer, tout d'abord, que si la station agronomique est située dans un centre universitaire possédant une chaire de sciences appliquées à l'agriculture, comme c'est le cas en Allemagne pour Halle, Gœttingue, Munich, etc..., l'enseignement régulier dont je parle se donne à la Faculté des sciences.

Sans jamais perdre de vue le caractère scientifique de cet enseignement, le professeur doit faire une large part aux applications de la théorie et s'efforcer de donner, chaque fois que l'occasion s'en présente, l'explication rationnelle des faits établis par l'observation et consacrés par la pratique. Ce cours doit comprendre l'exposé historique et critique de l'état de nos connaissances en chimie et en physiologie agricoles. La partie expérimentale du cours doit être aussi développée que possible.

Le cadre suivant me paraît répondre aux principales exigences de cet enseignement, c'est du moins celui que j'ai adopté pour le cours que je professe à la Faculté des sciences de Nancy.

1. Introduction ......
{ Historique des principales doctrines qui ont régné en agriculture, depuis Bernard Palissy et Ollivier de Serres, jusqu'à nos jours.

2. Biologie ....
{ **A.** *Végétaux.* — Etudes des phénomènes physiques, chimiques et physiologiques de la végétation. — Atmosphère. — Climats. — Météorologie agricole. — Eaux. — Pluie. — Neige. — Sols. — Formation. — Constitution mécanique. — Propriétés physiques et chimiques. — Nutrition des plantes. — Statique des végétaux de la grande culture. — Epuisement du sol. — Assolements. — Engrais. — Fumier. — Engrais minéraux. — Engrais artificiels. — Maladie des végétaux.
B. *Animaux.* — Phénomènes physiques, chimiques et physiologiques de la nutrition chez les animaux. — Engraissement du bétail. — Lactation. — Produits accessoires, laine, etc. — Hygiène des animaux de la ferme.

3. Technologie.......
{ Fabrication des engrais minéraux. — Phosphates. — Sels de potasse. — Chaux. — Industries agricoles proprement dites : sucreries, féculeries, distilleries, malteries, brasseries. — Fabrication du vin, du cidre.

4. Analyse chimique...
{ Analyse des sols, des amendements et des engrais. — Analyse des eaux. — Analyse des cendres de végétaux, des matériaux combustibles. — Analyse des fourrages et des aliments. — Analyse des boissons. — Analyse du lait, du beurre, du l'urine, etc.

Le développement de ce programme exige nécessairement plusieurs années.

A côté de cet enseignement régulier, j'ai fait, l'an dernier, pendant les mois de juin et juillet, sur le terrain même du champ d'expériences de la station, des conférences.

Dans ces causeries, il est facile d'entrer dans les détails et de donner des explications, qui n'ont d'intérêt qu'autant que le professeur peut mettre sous les yeux de ses auditeurs les plantes, ou les procédés de culture et d'amendement auxquels elles se rapportent. Je considère ces entretiens familiers avec les agriculteurs comme un excellent moyen de propager chez eux le goût et l'intelligence de la méthode expérimentale.

En Allemagne, l'institution des professeurs nomades (Wanderlehrer) existe depuis longues années déjà (Saxe et provinces rhénanes), et quelques associations pour la création de stations ont inscrits dans leurs statuts l'établissement de ces cours nomades au nombre des obligations imposées à la direction des stations.

On comprendra que je n'insiste pas davantage sur la question de l'enseignement oral public annexe des stations agronomiques. Il me suffit d'avoir appelé l'attention sur son importance, je laisse aux promoteurs des futures stations le soin de fixer son organisation suivant les besoins et les ressources de chaque localité.

Les cours et les conférences publics ne sont pas les seules voies par lesquelles les stations agronomiques doivent concourir au développement de l'enseignement agricole si imparfait encore dans notre pays. Leurs laboratoires doivent être ouverts aux jeunes chimistes qui, préparés par de bonnes études antérieures à profiter d'une instruction spécialement dirigée vers les recherches agronomiques, voudraient se livrer à des travaux de chimie et physiologie appliqués à l'agriculture. Si les stations répondaient, sous le double rapport du personnel et de l'installation matérielle, aux indications que j'ai formulées plus haut, la fréquentation de leurs laboratoires par un certain nombre de jeunes gens studieux et bien préparés exercerait, je crois, sur l'agriculture française une influence des plus heureuses. L'admission d'élèves dans les laboratoires des stations agronomiques aurait un autre avantage ; elle assurerait le recrutement, dans d'excellentes conditions, des préparateurs et des directeurs des laboratoires agricoles dont il sera question plus loin et même des directeurs des stations.

Il va sans dire que le nombre de ces élèves devra toujours être restreint et proportionné, en tous cas, aux ressources qu'offrira la station.

Il ne faudrait pas, en effet, que la fréquentation du laboratoire par des élèves devînt une gêne pour le directeur et le détournât, en lui imposant un trop grand surcroît de besogne, de ses occupations principales. C'est pourquoi j'estime qu'au directeur seul devra être laissé le soin de fixer le nombre des élèves admis à travailler avec lui, ainsi que la durée du séjour journalier au laboratoire et les conditions d'admission des élèves.

En résumé, cours publics sur les sciences appliquées à l'agriculture, conférences dans le champ d'expériences et exercices pratiques dans le laboratoire, telles sont les trois formes de l'enseignement que peut donner la station.

Il me reste à dire quelques mots sur la publication des travaux scientifiques des stations. C'est par là que je terminerai.

En Allemagne, les recueils scientifiques sont très-nombreux : non-seulement chaque branche des connaissances humaines a ses organes spéciaux, mais chaque spécialité de chacune de ces branches a également les siens. Il résulte de là, pour les directeurs des stations, une très-grande facilité de donner toute la publicité désirable à leurs recherches. Outre ces recueils périodiques libéralement ouverts aux agronomes, il existe un journal spécial : « Les Stations expérimentales, » exclusivement consacré comme l'indique son titre, aux travaux émanant des stations. Enfin, presque tous les directeurs publient un annuaire dans lequel trouvent place *in extenso* les mémoires, analyses, et programmes de travaux relatifs à leur établissement.

Le chimiste ou le physiologiste adonné aux études agronomiques n'a, on le voit, que l'embarras du choix, toutes les facilités désirables lui étant offertes pour faire profiter le public des résultats de ses découvertes ou de ses analyses.

Il est enfin un dernier mode de publicité et ce n'est pas le moins utile ; je vais en dire quelques mots.

Tous les ans, depuis 1865, dans le courant du mois d'août, les directeurs des stations se réunissent en congrès au siége de l'une des stations fixé un an à l'avance. Dans cette session qui dure d'ordinaire trois ou quatre jours, on expose les travaux les plus importants de l'année, on les discute, et le procès-verbal de ces réunions est ensuite publié et répandu en Allemagne.

Deux fois déjà, j'ai eu le plaisir de prendre part à ces congrès dont j'ai pu ainsi apprécier toute l'utilité. Ces réunions amicales où règne la plus franche cordialité ont de plus le très-grand avantage de permettre aux directeurs des stations d'adopter, après discussion, le plan de certaines recherches qui ne peuvent porter leurs fruits qu'à la condition d'être entreprises simultanément sur un grand nombre de points à la fois et suivant des règles déterminées à l'avance. — Elles établissent, en outre, des relations amicales entre les directeurs d'établissements quelquefois très-éloignés les uns des autres et qui n'auraient peut-être jamais, sans ces congrès, l'occasion de se connaître personnellement.

Qu'on me permette, en terminant, de souhaiter que les stations agronomiques soient bientôt assez nombreuses en France, pour que nous puissions tenir chez nous des congrès analogues, auxquels ne manqueraient pas de se rendre, j'en ai l'assurance, les savants agronomes qui m'ont fait en Allemagne un accueil que je n'oublierai jamais, et pour lequel je suis heureux de leur exprimer publiquement ma gratitude.

DEUXIÈME PARTIE

LABORATOIRES AGRICOLES

1° BUT, ORGANISATION ET DIRECTION DE CES ÉTABLISSEMENTS.
PROGRAMME DE LEURS TRAVAUX.

Le caractère essentiellement scientifique des stations agronomiques, la nécessité d'en confier la direction à des savants de profession, si je puis m'exprimer ainsi ; enfin, la dépense relativement considérable qu'entraînent leur organisation et leur entretien tendront longtemps peut-être à en restreindre notablement le nombre. Il est d'ailleurs désirable de voir, tout au moins au début, les associations agricoles, les particuliers et l'État, concentrer les ressources dont ils disposent sur un petit nombre de stations, qui seront ainsi convenablement organisées et largement dotées. Lorsqu'il s'agit de recherches scientifiques, il ne faut pas perdre de vue, en effet, qu'une partie du succès dépend des moyens matériels et du personnel dont un savant peut disposer.

J'estime que douze *stations agronomiques* réparties convenablement sur le territoire de l'Empire, dirigées par des hommes compétents, et pourvues de tous les moyens de travail nécessaires, pourraient suffire quant à présent, surtout avec la coopération des laboratoires dont je propose la création.

Je voudrais voir s'établir, à côté des stations et comme auxiliaires de ces dernières, un certain nombre (1) de laboratoires analogues à ceux qui existent dans quelques villes de France, et que leur caractère pratique différencierait des stations.

Les frais d'installations de ces laboratoires agricoles, auxquels serait utilement annexé un champ d'expériences, entraîneraient une dépense bien moins grande que la création des stations. Presque partout ils pourraient être organisés à peu de frais et leur direction n'exigerait pas les études et les aptitudes spéciales qu'on doit demander aux directeurs des stations agronomiques.

Au lieu de s'occuper, comme ces dernières, de l'étude des questions générales de physiologie et de chimie agricoles, ces laboratoires auraient surtout en vue l'examen de sujets intéressant directement l'agriculture de la région où ils seraient établis. Leur action essentiellement locale pourrait exercer la plus favorable influence sur la culture du pays, et partant sur sa richesse : au premier rang des services qu'on en peut attendre, je citerai l'examen des propriétés physiques, mécaniques et chimiques du sol des départements, étude qui, jointe à l'examen sommaire des eaux de sources, de fleuves et de rivières, fournirait, après un certain nombre d'années, des documents de

---

(1) Un laboratoire par département, par exemple.

la plus haute importance pour l'agriculture, et faciliteraient singulièrement la confection d'une carte agronomique de France, depuis si longtemps réclamée par l'agriculture.

C'est dans ces laboratoires que se feraient, pour le compte des particuliers, toutes les analyses d'engrais et d'amendements en usage dans le département, ainsi que la détermination sommaire de la constitution des sols et des eaux, détermination suffisante dans la plupart des cas pour le praticien (1).

C'est aux directeurs de ces établissements qu'appartiendrait surtout le soin de propager, sur un plan arrêté d'un commun accord entre eux et le directeur de la station, la création des champs d'expériences dans les exploitations rurales des départements.

Enfin, les directeurs de ces laboratoires propageraient, par l'enseignement oral, les saines notions d'agronomie, et réuniraient dans des conférences, débarrassées de tout appareil scientifique, les hommes pratiques jusqu'ici presque complétement abandonnés aux errements de la routine.

On voit que, bien que ne s'occupant pas de questions aussi générales et aussi complexes que celles dont l'étude est attribuée aux stations agronomiques, ces laboratoires n'auraient pas moins à remplir une mission des plus utiles. Constamment aux prises avec les questions pratiques, les directeurs de ces laboratoires deviendraient nécessairement, au bout de peu de temps, les conseillers les plus accrédités des cultivateurs au milieu desquels ils vivraient.

---

(1) Le contrôle des engrais organisé suivant les bases indiquées à la page 89, serait réuni aux stations.

Pour se convaincre des services que rendraient les *laboratoires agricoles*, il suffit, je crois, de jeter un coup d'œil sur le programme de leurs travaux.

Il va sans dire que je n'ai pas la prétention de tracer les limites des recherches dont pourraient s'occuper les directeurs de ces établissements et que, suivant les localités, ce programme devra être étendu ou plus rarement restreint, pour répondre aux exigences particulières de la contrée.

PROGRAMME DES TRAVAUX DES LABORATOIRES AGRICOLES.

I. Observations météorologiques.

1. Enregistrement journalier des températures *maxima* et *minima* du lieu (température de l'air).
2. Détermination journalière des températures *maxima* et *minima* du sol à diverses profondeurs.
3. Observations barométriques une fois par jour à 1 heure de l'après-midi ou mieux deux fois par jour à 10 heures du matin et à 4 heures du soir.
4. Observations udométriques (quantités d'eau tombées).
5. Détermination de la quantité de rosée.
6. Observations atmidométriques (quantités d'eau évaporées).
7. Observations sur l'état du ciel.
8. Centralisation des observations météorologiques effectuées par les particuliers en dehors du *laboratoire*.
9. Observations exactes sur la marche de la végétation.

10. Enregistrement de l'époque de la floraison et de la fructification des principaux végétaux du pays.

II. Préparation des éléments destinés à servir à la confection d'une carte agronomique de la France.

A. *Etude des propriétés physiques du sol* (1).

* 1. Pesanteur spécifique du sol (2).
  2. Poids absolu du sol.
* 3. Porosité.
  4. Faculté d'absorption de la chaleur solaire.
  5. Conductibilité du sol pour la chaleur.
  6. Pouvoir rayonnant du sol.
* 7. Faculté d'absorption de la vapeur d'eau contenue dans l'air.
* 8. Faculté d'évaporation de cette humidité.
* 9. Pouvoir absorbant du sol pour l'eau.
  10. Faculté d'écoulement de l'eau hors du sol.
  11. Pénétration de la pluie à diverses profondeurs.
  12. Proportion d'absorption de l'eau par capillarité
* 13. Ténacité et consistance du sol.
* 14. Détermination de la couleur et de l'aspect physique.

(1) Ces études, comme les suivantes, (analyse mécanique et composition sommaire du sol), devront porter sur des échantillons convenablement choisis, représentant les principaux types des sols de la région.

(2) Les propriétés marquées d'une * sont celles dont la détermination est la plus importante.

B. *Analyse mécanique du sol. Composition sommaire.*

1. Lévigation du sol. Détermination quantitative des
   principes suivants :
a. Sable et gravier.
b. Argile.
c. Cailloux.
2. Composition sommaire.
Détermination :
a. Des quantités d'eau ; terre desséchée à l'air libre à
   15° ou 20° ; terre séchée à 110°.
b. Quantité de calcaire.
c. Nature du sable (siliceux ou calcaire).
d. Dosage des matières organiques.
e. Dosage des alcalis, — potasse.

C. *Examen des eaux de source, de rivière, de puits,*
de drainage.

1. Détermination du résidu solide d'un litre d'eau.
2. Détermination du titre hydrotimétrique des eaux.
3. Examen des propriétés physiques et organoleptiques,
   saveur, couleur, odeur.

D. *Réunion de tous les documents relatifs à la fertilité des sols*
examinés; renseignements sur les fumures en usage dans le
pays ; sur les assolements, sur le rendement, sur la valeur
des terres.

Si cette partie du programme était convenablement
remplie, nul doute qu'on arrive au bout d'un petit nombre
d'années à réunir une quantité considérable de renseigne-

ments importants dont la coordination permettrait la confection d'une carte agronomique de la France. Les laboratoires agricoles auraient alors rendu un immense service.

III. Examen de quelques produits agricoles importants.

1° Lait : détermination de l'eau et des matières grasses. Beurre.
2° Vins. Maladies des vins ; bière.
3° Fourrages, etc.

IV. Analyses de sols, d'eaux et d'engrais pour le compte des cultivateurs, des propriétaires et des négociants.

Sols et eaux. — En ce qui concerne l'analyse des sols et des eaux, les directeurs des laboratoires se borneraient à remplir le programme indiqué ci-dessus : les renseignements fournis par l'examen sommaire effectué comme il vient d'être dit, seraient suffisants dans la presque totalité des cas pour les besoins de la pratique. Si cependant on s'adressait au directeur d'un laboratoire pour avoir une analyse complète de terre ou d'eau, il pourrait s'en charger s'il le jugeait convenable ou, dans le cas contraire, renvoyer la partie intéressée au directeur de la station agronomique de la région.

Engrais. — L'analyse complète d'un engrais est rarement indispensable pour l'agriculteur. D'ordinaire il s'agit de déterminer seulement un ou plusieurs des principes dominants auxquels l'engrais doit ses propriétés fertilisantes. Le directeur du laboratoire devra donc demander à la partie intéressée l'indication exacte des matières à doser dans l'engrais soumis à son investigation.

Les analyses de terre arable, d'eaux et d'engrais seront faites suivant un tarif (1) publié par le directeur du laboratoire, et dont il sera, à l'avance, donné connaissance aux intéressés.

V. Champs d'essais et d'expériences.

Ce que j'ai dit précédemment des champs d'essais, annexes des stations agronomiques, me dispense d'entrer dans de longs développements sur leur installation et sur leur but ; je serai donc très-bref à leur endroit.

Le champ d'essais du laboratoire agricole devra être établi suivant les prescriptions générales indiquées plus haut; mais n'étant pas, comme le champ de la station, destiné à fournir les éléments matériels de recherches analytiques, il sera disposé un peu différemment. En général, un champ d'un hectare suffira ; cette surface partagée en dix parties égales donnera pour chaque essai une superficie de dix ares ; on pourra donc entreprendre simultanément chaque année dix essais différents, soit par la nature des récoltes, soit par la nature des engrais, soit par ces deux conditions à la fois.

Le directeur du *laboratoire agricole* ne devra pas perdre de vue le véritable but de ces essais ; j'ai dit précédemment que les champs d'expériences ne peuvent conduire à des

(1) Voir, page 86, le tarif de la station agronomique de l'Est. — Les directeurs des laboratoires pourront modifier ce tarif, s'ils le jugent convenable, mais cela me paraît inutile.

résultats vraiment utiles pour l'agriculture d'un pays, qu'à la condition d'être très-multipliés, et de servir simultanément, dans des sols de différente nature, à la culture d'une même plante, dans des conditions identiques de fumure ou d'amendement. En un mot, pour acquérir une valeur pratique réelle, ces essais doivent être comparatifs; il résulte de là que le directeur du laboratoire devra se proposer pour but de provoquer, dans la région, la création du plus grand nombre possible de ces champs d'expériences, en surveiller l'installation, la marche et la récolte, et réunir avec grand soin tous les documents qu'il pourra se procurer à ce sujet auprès des créateurs de ces champs d'essais.

Le champ annexé au laboratoire devra servir de type aux champs établis dans les exploitations rurales du département. Ces derniers seront la copie du premier; les essais faits dans le champ du laboratoire devront être reproduits scrupuleusement par les cultivateurs dans leurs champs particuliers; de cette façon seulement l'on peut arriver, en répétant simultanément les mêmes essais dans différentes localités, à des résultats utiles pour la pratique. Les directeurs des laboratoires agricoles devront s'entendre avec la station agronomique de leur région pour fixer le plan de ces champs d'expériences.

Nul doute, selon moi, que de la centralisation et de la discussion des résultats constatés, pendant une période assez longue, dans des champs d'expériences établis conformément à cet esprit, l'agriculture pratique ne retire des enseignements très-importants. Une dizaine d'années suffirait, je crois, pour permettre de tirer de ces essais des conclusions très-utiles aux praticiens sur l'influence de tel engrais ou de tel mode de culture.

C'est, avant tout, un rôle d'initiateur que doit remplir le directeur du laboratoire agricole ; il doit provoquer l'expérimentation autour de lui et la diriger ; mais ici la prudence ne lui est pas moins nécessaire que l'ardeur, car de l'intelligence et du soin consciencieux que le cultivateur apportera à suivre ses indications, dépendra uniquement, on le comprend, la valeur des résultats obtenus.

Du rôle des directeurs en ce qui concerne l'enseignement agricole.

J'ai dit plus haut qu'une des parties importantes de la tâche confiée aux directeurs des stations devra consister dans la diffusion, par l'enseignement oral, des saines doctrines agronomiques. Je n'insisterai pas sur l'utilité de cette mission rendue évidente par les services dont l'agriculture est déjà redevable aux professeurs départementaux. Si d'ailleurs, comme je crois possible de le faire, on arrivait à réunir dans les mêmes mains la direction des laboratoires agricoles et l'enseignement départemental de l'agriculture, on imprimerait à ces deux institutions une unité de plan qui en accroîtrait singulièrement la valeur.

Cet enseignement doit être simple, dégagé de toute discussion scientifique ; il a surtout pour but, non d'exposer longuement les points encore en litige, mais de propager les vérités acquises définitivement à la science et pouvant, dès lors, recevoir une application pratique immédiate. En cela, il diffère de l'esprit de l'enseignement donné dans les stations agronomiques. Les principales questions dont le directeur du laboratoire devra faire l'objet de ses conférences auront trait aux méthodes de culture, aux engrais, aux soins à donner au bétail, etc. ; quelques leçons seraient consacrées chaque année à la création et à la direction des champs d'expériences. Comme cela a lieu aujourd'hui, cet enseignement serait donné alternativement au siége du laboratoire et dans les principaux centres agricoles du département.

En dehors de l'enseignement régulier dont je viens de parler, il va sans dire que les directeurs des laboratoires agricoles s'efforceraient, dans leurs rapports fréquents avec les cultivateurs du pays, de les aider de leurs conseils, de les faire entrer le plus possible dans la voie expérimentale, en leur indiquant les essais intéressants à tenter; en un mot de développer chez eux le goût de l'expérimentation et le sentiment de l'exactitude dans leurs travaux.

Ainsi compris, le rôle de ces laboratoires est très-important; ces établissements, auxiliaires des plus utiles des stations agronomiques, doivent exercer sur l'agriculture locale l'influence qui appartient aux stations en ce qui concerne la science agronomique envisagée d'un point de vue général. En combinant leurs efforts comme je l'indiquerai plus loin, ces deux institutions, se complétant l'une par l'autre, auront, sur les progrès de l'agriculture française, une action qui ne tardera pas à devenir manifeste à tous les yeux, et qui sera un puissant encouragement pour les hommes dévoués chargés de leur direction.

2° INSTALLATION MATÉRIELLE. — PERSONNEL. — BUDGET.

Comme il est aisé de le prévoir, l'installation de ces laboratoires variera avec les localités où ils seront créés. Pour atteindre promptement le but et propager rapidement ces utiles établissements dans nos départements, il importe de réduire à un chiffre aussi minime que possible les frais de première installation. Il ne s'agit plus ici d'établissements pourvus de l'outillage dispendieux absolument indispensable pour les recherches physiologiques et chimiques dont s'occupent les stations ; il ne saurait davantage être question de la construction de serres ou d'étables consacrées aux études dont nous avons précédemment parlé.

Une salle convertie en laboratoire et un champ d'expériences suffiront dans le plus grand nombre de cas ; si l'on peut disposer d'une seconde pièce destinée aux observations météorologiques, l'installation sera complète.

Quant au local lui-même, il devra être fourni par l'un des établissements publics ou par les associations agricoles des chefs-lieux départementaux ; car la construction d'un bâtiment spécialement affecté au laboratoire agricole entraînerait une dépense beaucoup trop considérable. Dans les départements où se trouvent des écoles normales primaires, possédant presque toutes un jardin assez vaste, le conseil général et l'administration préfectorale pourraient aisément, je crois, avec l'assentiment du Ministre de l'instruction publique, faciliter la création des laboratoires agricoles, en mettant à leur disposition une ou deux pièces et une partie du jardin.

Cette question, capitale en soi, du local à affecter à la nouvelle institution, me paraît en réalité secondaire ; il ne me semble pas en effet qu'il y ait grande difficulté nulle part à trouver gratuitement, ou pour un prix de location très-modéré, un emplacement suffisant.

En ce qui concerne l'aménagement intérieur du laboratoire, il est difficile de préciser d'une manière certaine le chiffre de la dépense : cette dernière, en effet, variera avec chaque cas particulier, l'appropriation spéciale du local dépendant de la construction et de son aménagement primitif. Partout où le gaz pourra être amené sans trop de frais, il faudra le faire; l'eau d'une fontaine arrivant directement dans le laboratoire ne serait pas moins utile.

La construction d'une cheminée avec tirage pour les évaporations, de tables en carrelage de fayence ou de grès, d'une étude à air chaud, d'un fourneau à incinération et à calcination, etc., entraînerait une dépense qu'on peut évaluer à 1,500 francs au maximum. L'achat d'instruments pour les observations météorologiques, de quelques appareils spéciaux pour analyse du sol, des engrais, de produits chimiques, de verrerie, de balances et bascules s'élèverait à 3,000 francs environ, de telle sorte qu'avec un capital de 5,000 francs, on pourrait assurer largement la bonne installation d'un de ces laboratoires.

Personnel attaché au laboratoire.

La direction des laboratoires agricoles devra être confiée de préférence à un agronome familiarisé par ses études et ses occupations antérieures avec les questions de pratique et dont les connaissances techniques et scientifiques seraient d'ailleurs assez étendues pour qu'il pût remplir convenablement le programme tracé plus haut (1).

Ce directeur dont on a vu précédemment les attributions importantes devrait être secondé dans l'accomplissement de sa tâche par deux aides, l'un chimiste, chargé

(1) On verra dans le paragraphe suivant de quel secours les stations agronomiques peuvent être en ce qui regarde le recrutement des directeurs de laboratoires.

spécialement de la conduite des travaux de laboratoire, analyses de sols, d'eaux, d'engrais, l'autre, chef de culture, dans le service duquel rentrerait les travaux d'installation, d'entretien et de récolte du champ d'expériences, enfin un homme de peine qui serait, suivant les besoins du service employé au laboratoire ou dans le champ d'expériences.

On comprend d'ailleurs que les observations relatives aux modifications locales apportées à la dépense d'installation sont également applicables au personnel du laboratoire; il peut arriver par exemple que le nombre des analyses d'engrais, de sols et d'eaux demandées par les agriculteurs, les propriétaires et les négociants d'un département soit tel qu'un seul chimiste n'y puisse suffire; dans ce cas un second préparateur sera adjoint au directeur; mais cette augmentation de personnel n'entraînerait aucune dépense, puisque, dans l'hypothèse que je fais, le laboratoire trouverait des ressources nouvelles dans ce surcroît d'analyses.

En résumé, et sauf les modifications que devront nécessairement y apporter les exigences et les convenances locales, modifications qu'il est dès lors impossible de prévoir et de traduire par des chiffres, le budget des laboratoires agricoles peut être établi de la manière suivante : dans le plus grand nombre des cas, ces prévisions ne seront pas dépassées, elles pourront même être souvent atténuées.

1° Dépenses d'installation :

Aménagement du local...................... 1,500 fr.
Achat d'instruments, appareils et produits... 3,000
A valoir, imprévu........................... 500

Total............... 5,000

2º Budget annuel :

Traitement du directeur (1).................. 2,000 fr.
    id.   de l'aide chimiste................. 1,500
    id.   du jardinier ou chef de culture... 1,200
    id.   du garçon de laboratoire.......... 600
Produits et frais divers (2).................. 700

Total........ 6,000

Si l'on compare les services que rendront à l'agriculture ces modestes et utiles établissements, à la faible dépense qu'entraînera leur installation et leur fonctionnement, on reconnaîtra sans peine, je l'espère, l'intérêt considérable que les particuliers, les sociétés d'agriculture, les départements et l'État ont à s'associer pour propager rapidement en France la création des laboratoires agricoles.

3º DES RAPPORTS DES LABORATOIRES AGRICOLES AVEC LES STATIONS AGRONOMIQUES.

Après avoir exposé le but, l'organisation et le programme des travaux des *stations agronomiques* et des *laboratoires agricoles*, il me reste à indiquer les liens qui

---

(1) Ce traitement tout à fait insuffisant se trouverait partout accru de l'allocation faite aux professeurs départementaux d'agriculture, si, comme je le propose, on chargeait ces derniers de la direction des laboratoires agricoles.

(2) A cette somme trop faible pour subvenir aux dépenses d'entretien, viendrait s'ajouter le revenu résultant des analyses exécutées pour le compte des agriculteurs et des fabricants d'engrais.

doivent unir ces établissements et donner à leur action commune toute l'étendue et la force désirables.

Seules, les désignations que je propose d'attribuer à ces deux sortes d'établissements, concourant par des voies diverses au même but final, indiquent clairement le rôle respectif qui leur est dévolu. Le mot *agronomique* implique l'idée de science, le mot *agricole* celui de pratique.

A la station agronomique, la tâche délicate et longue d'étudier les lois naturelles de la production animale et végétale ; au laboratoire agricole, la mission non moins utile d'appliquer les données théoriques à la pratique journalière, de transporter dans le champ d'expériences et dans le domaine rural les conquêtes difficiles, mais sûres de l'investigation scientifique.

Loin de moi la pensée de vouloir établir une hiérarchie entre ces deux institutions: mus par le même sentiment désintéressé, animés du même esprit de progrès, les directeurs des stations et ceux des laboratoires ne sauraient être subordonnés les uns aux autres dans le sens administratif du mot: il doit cependant exister entre eux une entente parfaite sur certains points que je vais indiquer brièvement.

J'ai montré précédemment à quelles conditions les expériences sur les engrais peuvent conduire à des résultats directement profitables au cultivateur; j'ai fait voir que les indications fournies à ce sujet par les champs d'expériences ne sont réellement utiles que si, d'une part, l'expérimentation s'étend à des sols très-différents par leurs propriétés physiques et chimiques, leur profondeur, leur état hygrométrique, etc.; de l'autre, si les essais sont parfaitement comparables entre eux. Or, cette dernière condition, d'une importance capitale en l'espèce, ne peut être réalisée que par une direction unique imprimée à l'établissement et à la conduite du champ d'expériences. De là, nécessité d'une entente préalable entre les directeurs des laboratoires agricoles et le directeur de la station agronomique de la région. Voici donc comment je voudrais qu'on procédât à la confection du programme destiné à servir de guide pour l'organisation du champ d'expériences.

A la fin de l'été de chaque année, les directeurs des laboratoires agricoles se réuniraient au siége de la station agronomique, pour discuter, avec le directeur de cet établissement, le programme des expériences de l'année suivante. Chacun apporterait à cette discussion les éléments que lui aurait suggérés l'observation attentive des pratiques et des besoins de son département, tant en ce qui concerne la nature des plantes à mettre en expérience, que celle des engrais ou amendements à employer. Cet examen permettrait d'établir d'importantes modifications aux projets d'essais, et la priorité appartiendrait naturellement à celles dont la mise à exécution semblerait devoir être la plus utile.

Lorsqu'on aurait ainsi, d'un commun accord, arrêté la nature des engrais, du mode de culture et des végétaux, sur lesquels devrait porter l'expérimentation de l'année suivante, le programme serait ponctuellement exécuté par tous. A ce prix seulement, on peut tirer un enseignement sérieux des champs d'expériences.

C'est, de même, la station agronomique qui serait chargée de centraliser, après chaque récolte, les documents relatifs aux rendements des divers champs de la région. Du rapprochement des résultats obtenus, découlerait un ensemble de faits propres à jeter un grand jour sur l'influence des engrais employés dans les sols divers de la contrée.

Si l'entente indispensable, dont je viens de parler, pouvait s'établir entre les diverses *stations agronomiques* elles-mêmes, de telle sorte qu'on étendît chaque année à toute la France ou tout au moins aux régions agricoles, placées dans des conditions climatologiques comparables, le même programme d'expériences, le résultat de ces essais serait plus important encore par la généralité des conclusions auxquelles il conduirait.

Ainsi voilà un premier point bien établi : les laboratoires agricoles devraient entrer régulièrement en relations avec les stations agronomiques pour fixer la nature des essais de culture à entreprendre chaque année et pour en discuter ensuite les résultats.

La publication des résultats obtenus pourrait être faite par le journal de la station sous la responsabilité de chacun des expérimentateurs.

Au point de vue du recrutement du personnel des laboratoires agricoles, les stations sont également destinées à avoir des relations étroites avec ces établissements. C'est en effet à la station agronomique que se formeront ou, tout au moins, que viendront se perfectionner les chimistes des laboratoires agricoles. C'est là, mieux que partout ailleurs, qu'ils pourront acquérir les connaissances spéciales dont ils ont besoin pour s'acquitter convenablement de leur mission. Ce stage présentera un double avantage : premièrement, grâce à lui, les directeurs des laboratoires agricoles se procureront aisément des aides instruits et sur l'expérience desquels ils pourront compter ; en second lieu, il aura pour conséquence nécessaire l'emploi dans les divers laboratoires de la région des mêmes procédés d'analyse, puisque ces jeunes chimistes auront tous été exercés pendant leur séjour dans le laboratoire de la station à l'application des mêmes méthodes analytiques à l'étude de la composition du sol, des eaux et des engrais. Ce dernier point est très-important; pour s'en convaincre, il suffit de remarquer qu'il s'agit surtout, dans les recherches dont nous avons tracé plus haut le programme, d'établir des *rapports*.

Or, les analyses de deux substances composées des mêmes éléments en proportions variables seront d'autant plus comparables entre elles que les méthodes employées pour les effectuer auront elles-mêmes plus d'analogie les unes avec les autres. Si la méthode appliquée dans les divers laboratoires agricoles à la détermination de la constitution chimique d'un sol ou d'un engrais est la même, il est évident que les résultats obtenus seront éminemment comparables; en effet, les mêmes causes d'erreur existant de part et d'autre, s'annuleront, et le rapport cherché ne sera pas altéré par elles.

Il est indispensable que les données destinées à servir à la confection d'une carte agronomique de la France résultent d'essais, d'analyses et d'expériences exécutés avec les mêmes méthodes. Les directeurs des laboratoires devront donc s'entendre à ce sujet avec les directeurs des stations.

Il est enfin une autre ressource offerte par les stations aux laboratoires agricoles. Lorsque les directeurs de ces derniers ou leurs aides reconnaîtront la nécessité de tenter un essai ou de faire une expérience nécessitant des moyens matériels de travail qu'ils ne possèdent pas, ils auront naturellement recours à la station de leur région; là ils trouveront à la fois et les ressources matérielles, et les conseils qui leur feraient défaut.

CONCLUSION

Parvenu à la fin du programme que je m'étais tracé, j'espère avoir réussi à mettre en lumière les services que l'agriculture peut attendre de la création dans notre pays des stations agronomiques et des laboratoires agricoles. Ces institutions qui répondent à l'une des nécessités les plus impérieuses de notre temps, l'alliance de la science et de l'art dans la culture du sol, me semblent devoir amener dans un temps plus court qu'on ne serait peut-être tenté de l'admettre, un progrès considérable dans l'agriculture, et partant un accroissement de richesse et de bien-être pour notre pays, éminemment agricole, comme chacun sait. Si l'on en juge par les résultats obtenus en Allemagne depuis bientôt vingt ans, il ne semble pas qu'il puisse y avoir de dépense mieux entendue et plus profitable à l'intérêt de tous que celle qu'entraîneraient la création et l'entretien de ces établissements.

Resterait maintenant à examiner la question de la répartition de ces dépenses entre l'État, les départements, les villes et les associations agricoles.

Plus que personne partisan des œuvres fondées par l'initiative privée, je souhaiterais d'avoir été assez heureux pour convaincre les agriculteurs français de l'intérêt personnel que chacun d'eux aurait à concourir à l'organisation, par souscriptions individuelles, de stations et de laboratoires dans les principaux centres agricoles de la France. L'accueil fait aux idées dont je suis l'interprète convaincu par l'élite des cultivateurs français lors de la dernière session de la Société des agriculteurs de France, me donne l'espoir que cet appel à l'initiative privée sera entendu; je fais en même temps le vœu que le gouvernement vienne en aide par de larges subventions aux associations qui s'organiseraient dans le but de créer et de propager les stations agronomiques, à la condition *sine qua non* que ces associations fournissent la preuve qu'elles seront en mesure, avec le concours de l'État, de fonder, sous le double rapport du personnel et du matériel, des établissements durables et propres à remplir le but que leur assigne leur nom.

Faire bien ou ne pas faire, telle doit être la règle absolue au cas particulier; procéder autrement serait compromettre gravement l'institution même et en retarder, pendant longtemps encore peut-être, l'importation définitive dans notre pays. Rien n'est plus préjudiciable, en effet, au succès d'une idée que sa réalisation incomplète ou défectueuse.

La création d'une station agronomique entraîne une dépense première de 25 à 30,000 francs (1); son entretien né-

____

(1) Les frais et installation de la station de l'Est se sont élevés à

cessite un budget de 14 à 15,000 francs. De plus et surtout, il faut à sa tête un homme compétent et confiant dans l'avenir de l'œuvre. Partout où ces trois conditions ne pourront pas être ponctuellement remplies, je conseille la création d'un laboratoire agricole dont l'installation, l'entretien et la direction présentent moins d'exigences et de difficultés. Au lieu d'une institution ne répondant que très-imparfaitement à l'attente des fondateurs, comme cela ne manquerait pas d'arriver pour une station incomplétement dotée ou mal dirigée, on aura créé un établissement tenant tout ce qu'il promettait, plus peut-être, et pouvant se transformer plus tard en une véritable station, si les ressources en hommes et en argent, qui lui auraient fait défaut au début, lui arrivent à un moment donné.

Il y a lieu d'espérer que les départements et les villes comprendront aussi l'intérêt qu'elles ont à s'associer aux utiles fondations qui font l'objet de cet opuscule.

Quel que soit le sort prochain réservé à l'institution dont je me suis efforcé de faire ressortir l'importance, je m'estimerai très-heureux si j'ai réussi à faire pénétrer dans l'esprit de mes lecteurs la conviction qui m'anime; j'aurai en grande partie atteint mon but, si la lecture de ces pages éveille l'attention des agriculteurs et peut les convaincre qu'il ne saurait y avoir aujourd'hui de progrès pour l'agriculture en dehors des règles que trace la science. S'il en était ainsi, s'il m'était donné de rendre cette vérité évidente aux yeux de tous, la cause que je plaide serait gagnée et la France agricole compterait bientôt une excellente institution de plus.

35,000 francs environ, construction, appareils, champs d'expériences compris.

TABLE DES MATIÈRES

Beaugency, imp. F. Renou.

ANNÉE 1869
STATION AGRONOMIQUE DE L'EST
CHAMP D'EXPÉRIENCES N° .... ÉTABLI À ....
COMMUNE DE .... ARRONDISSEMENT DE .... DÉPARTEMENT DE ....
Dirigé par M. ....

ÉTAT remis à M. ....

Le Directeur de la Station Agronomique agricole de l'Est,
L. GRANDEAU

EXTRAIT DU CATALOGUE DE LA LIBRAIRIE AGRICOLE

JOURNAL D'AGRICULTURE PRATIQUE. Rédacteur en chef, M. E. Lecouteux. — Une livraison de 40 pages in-4, paraissant tous les jeudis, avec de nombreuses gravures noires. — Un an (France et Algérie). . . . . 20 »

REVUE HORTICOLE. Rédacteur en chef, M. E.-A. Carrière. — Un numéro de 24 pages in-4, avec gravure coloriée et gravures noires, paraissant les 1er et les 16 de chaque mois. — Un an. . . . . 20 »

BON FERMIER (Le), par Barral et pour les nouveautés agricoles de l'année, par MM. Alux, De Cénis, Gayot, Grandeau, Grandvoinnet, Heuzé, Liébert, Edn. Marié, Rampon-Elchin et Bonna. 1 vol. in-12 de 1,448 pages et 110 gravures. . . . . 7 »

BON JARDINIER (Le), almanach horticole, par MM. Poiteau, Vilmorin, Bailly, Sagdin, Neumann, Pépin. 1 vol. in-12 de 1,616 pages. . . . . 7 »

BIBLIOTHÈQUE DU CULTIVATEUR, publiée avec le concours du Ministre de l'Agriculture.

36 VOLUMES IN-18, A 1 FR. 25 LE VOLUME

Agriculteur commençant (Manuel de l'), par Schwerz, traduit par Villeroy. 5e édition, 352 pages.

Animaux domestiques, par Lefour. 1 vol. in-18 de 162 pages et 57 gravures.

Basse cour, pigeons et lapins, par madame Millet-Robinet. 5e édition, 180 pages, 51 gravures.

Bêtes à cornes (Manuel de l'éleveur de), par Villeroy. 500 pages et 60 gravures.

Calendrier du métayer, par Ramouchette. 180 pages.

Champs et prés (Les), par Joigneaux. 140 pages.

Cheval (Achat du), par Gayot. 1 vol. de 180 pages et 25 gravures.

Cheval, âne et mulet, par Lefour. 1 vol. de 176 pages et 141 gravures.

Cheval percheron, par du Hays. 176 pages.

Choux (Culture et emploi du), par Joigneaux. 1 vol. in-18 de 150 pages et 14 gravures.

Comptabilité et géométrie agricoles, par Lefour. 216 pages et 104 gravures.

Constructions et mécaniques agricoles, par Lefour. 211 pages et 151 gravures.

Cuisine (La) de la ferme, par madame Michaux, 180 pages.

Culture générale et instruments aratoires, par Lefour. 1 vol. in-18 de 190 pages et 155 gravures.

Économie domestique, par madame Millet-Robinet. 5e édition, 245 pages et 78 gravures.

Engraissement du bœuf, par Vial. 1 vol. in-18 de 100 pages et 12 gravures.

Fermage (estimation, plan d'amélioration, baux), par de Gasparin, membre de l'Institut, ancien ministre de l'agriculture. 5e édition, 170 pages.

Fumiers de ferme et composts, par Fouquet. 2e édition, 240 pages et 19 gravures.

Fumures et des étendues de fourrages (Les formules des), par Gustave Heuzé. 2e édition, 68 pages.

Houblon, par Emain, traduit par Nickles. 156 pages et 22 gravures.

Lièvres, lapins et léporides, par Eugène Gayot. 216 pages, 13 gravures.

Maréchalerie ou **Ferrure des animaux domestiques**, par Sanson. 1 vol. de 180 p. et 27 gravures.

Médecine vétérinaire (Notions usuelles de), par Sanson. 1 vol. de 180 pages et 13 grav.

Métayage, par de Gasparin. 2e édition, 162 pages.

Moutons (Les), par A. Sanson. 1 vol. in-18 de 180 pages et 56 gravures.

Noyer (Le), sa culture, par Bnand du Plessis. 2e édition, 1 vol. in-18 de 175 pages et 45 grav.

Olivier (L'), par Bonnet. 1 vol. de 139 pages.

Pigeons, les oies et les canards (Les), par C. Pelletan. 180 pages et 21 gravures.

Plantes oléagineuses, par C. Ibaize. 1 vol. de 150 pages avec gravures.

Plantes racines, par Ledocte. 1 vol. de 250 pages et 24 gravures.

Poules et œufs, par E. Gayot. 1 vol. de 208 pages et 55 gravures.

Races bovines, par Dampierre. 2e édition. 196 pages et 28 gravures.

Sol et engrais, par Lefour. 181 pages et 54 gravures.

Tabac (Le), moyens d'améliorer sa culture, par Schlœsing et Grandeau. 1 vol. avec tableaux.

Travaux des champs, par Victor Borie. 188 pages et 121 gravures.

Vaches laitières (Choix des), par Magne. 140 pages et 39 gravures.

PARIS. — IMP. SIMON RAÇON ET COMP., RUE D'ERFURTH, 1.